本书出版得到广东省科技发展专项资金（一事一议项目）（2017B090921002）、广东省科技创新战略专项资金项目（2018SS24）、韩山师范学院“创新强校工程”无机非金属材料专业教学团队建设项目、韩山师范学院无机非金属材料工程特色专业建设项目（HSZY-TS21245）等经费支持

材料工程基础实验

CAILIAO
GONGCHENG
JICHU SHIYAN

主　编◎杨　环
副主编◎张晨阳　张博栋　林少敏　吴云影
参　编◎余亚玲　吴光伟　谢炯炎

中国·广州

图书在版编目（CIP）数据

材料工程基础实验/杨环主编；张晨阳，张博栋，林少敏，吴云影副主编．—广州：暨南大学出版社，2021.12

ISBN 978－7－5668－3250－4

Ⅰ．①材…　Ⅱ．①杨…②张…③张…④林…⑤吴…　Ⅲ．①工程材料—实验—高等学校—教材　Ⅳ．①TB3－33

中国版本图书馆CIP数据核字（2021）第203603号

材料工程基础实验

CAILIAO GONGCHENG JICHU SHIYAN

主　编：杨　环　　副主编：张晨阳　张博栋　林少敏　吴云影

出版人：张晋升
责任编辑：黄文科　刘碧坚
责任校对：张学颖　孙劭贤
责任印制：周一丹　郑玉婷

出版发行：暨南大学出版社（510630）
电　　话：总编室（8620）85221601
　　　　　营销部（8620）85225284　85228291　85228292　85226712
传　　真：（8620）85221583（办公室）　85223774（营销部）
网　　址：http://www.jnupress.com
排　　版：广州尚文数码科技有限公司
印　　刷：佛山市浩文彩色印刷有限公司
开　　本：787mm×1092mm　1/16
印　　张：5.75
字　　数：118千
版　　次：2021年12月第1版
印　　次：2021年12月第1次
定　　价：28.00元

前 言

本书是针对材料工程基础实验教学需要，围绕材料制备技术、工艺过程计算而编写的，主要面向无机非金属材料工程、材料科学与工程专业的本科学生。本书中的实验，一部分是以编者的科研实验为基础而设计的，另一部分则是参考其他院校的同类实验教材编写而成的。

本书共包括15个实验，通过这些实验，学生能够掌握材料工程基础实验的基本方法和基本技能；加深对材料工程基础理论的理解；达到培养学生严肃认真的科学工作作风、提高学生分析问题和解决问题能力的目标。每个实验后面附有结果与讨论或思考题，以帮助学生掌握重点内容，巩固所学知识。附录部分包括实验室安全和环保知识、实验室注意事项和实验课要求、实验误差与数据处理方法等。

本书在正式出版前，曾作为校本教材使用，根据使用情况，编者对存在的问题和不足之处进行了修订和增补。

在本书编写过程中，我们得到了许多帮助，感谢韩山师范学院化学与环境工程学院蔡龙飞教授提供的相关实验参考资料；部分实验内容是编者结合材料学科前沿研究而编写的，所参考的文献除已标明外，难以一一列出，在此一并感谢。

编 者

2021年3月

目 录
CONTENTS

实验一

单结晶制备实验

一、实验目的

（1）认识单结晶的基本过程及实验原理，了解单结晶的条件与结晶的过程。

（2）掌握常温溶液法培养大单晶的方法，了解大单晶的应用领域。

（3）观察结晶的形态与晶体生长的过程，掌握晶体形状与晶胞的关系。

二、实验原理

溶质以晶体的形式从溶液（或熔融体）中析出的过程叫作结晶。定温定压时，饱和溶液中所含溶质的量，称之为溶解度。将在较高温度达到饱和的溶液进行降温处理，其溶解度随之降低，此时溶液的溶质浓度大于最大溶解度，该溶液称为“过饱和液”。过饱和液是一种不稳定状态，过量的溶质会伺机结晶析出形成晶体。控制析晶条件可以得到较大的单晶体。

由图 1－1 中两种具有代表性的物质溶解度曲线可以看出，结晶有两种方法：一为蒸发溶剂结晶法，又称蒸发结晶法（适用于溶解度受温度影响小的物质，如食盐）；二为冷却热饱和溶液法，又称降温结晶法（适用于溶解度受温度影响大的物质，如纯碱）。蒸发结晶——温度不变，溶剂减少。降温结晶——溶剂不变，温度降低。

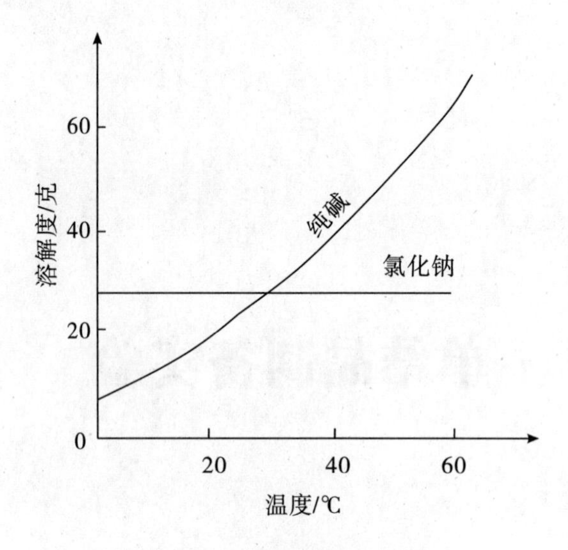

图 1-1　氯化钠与纯碱的溶解度曲线

三、实验内容

（一）氯化钠结晶实验

1. 实验用具

烧杯（100mL，2 个）、加热电炉、照相机。

2. 实验药品

粗食盐、细食盐、热水。

3. 实验步骤

（1）向烧杯 1 中加入约 80mL 的 90℃热水，再加入细食盐；边加入边搅拌至食盐的饱和溶液状态（液体中有不溶解的剩余固体盐）。

（2）将烧杯 1 放置冷却至室温，将上部清液转入干净的烧杯 2 中。

（3）向烧杯 2 的清液中投入一粒盐粒（颗粒尽可能小）作为晶种。

（4）将烧杯 2 静置，缓慢蒸发清液（盖上一张带有小孔的纸），等待晶体生长。

（5）观察晶体生长过程，拍照记录（用 1 元硬币做参考物）。

（二）硼砂结晶实验

1. 实验用具

烧杯（100mL）、毛根、绳子、铅笔或小木棒、加热电炉、照相机。

2. **实验药品**

硼砂、蒸馏水、色素。

3. **实验步骤**

向烧杯中倒入 50 ~ 80mL 的热水（约 90℃），加入硼砂，搅拌溶解，为了更好观察结晶，可加一些色素。然后放入事先做成一定形状的毛根，参见图 1 - 2。实验过程中重点观察毛根尖部的结晶，观察单晶状与多晶状大致比例，拍照记录。

图 1 - 2　硼砂结晶实验示意图

4. **提示**

(1) 硼砂量与水的比例，实验者自主观察。

(2) 结晶时间较长，可放置数小时再观察。

(三) 硫酸铝钾和硫酸铬钾混晶的制作实验

1. **实验用具**

托盘天平、水浴锅、抽滤瓶、布氏漏斗、烧杯（100mL，2 个）、量筒、鱼线、502 胶水、无色指甲油。

2. **实验药品**

硫酸铝钾、硫酸铬钾、蒸馏水。

3. **实验步骤**

用托盘天平称取硫酸铝钾 100g、硫酸铬钾 10g，倒入烧杯中，加水并加热溶解。待溶液冷却至室温后过滤，取滤液静置 1 ~ 2 天后，观察到底部有晶体析出，过滤，找到一个较规则的晶体作为晶种。用鱼线沾 502 胶水后粘在晶种上，将上述多余的晶体倒入滤液中，加热溶解，没有饱和则需加入硫酸铝钾。待溶液冷却至室温后过滤，将沾有晶种的鱼线垂直挂在滤液中间，静置数天，在晶种生长过程中定期把底部碎晶和灰尘过滤出来。晶体长大后在表面涂上无色指甲油，观察晶体的结构并测量大小，拍照记录。

四、实验结果及分析

讨论影响单晶形成和长大的因素有哪些。

五、思考题

硫酸铝钾和硫酸铬钾混晶与氯化钠单晶的形状为什么不一样？

表 1－1　实验记录表

序号	单结晶粒照	备注

实验二

液态成形实验

一、实验目的

了解液态成形工艺，材料的液态成形常常是指金属的铸造，随着材料科学的发展，工程材料、复合材料也更多地涉及液态成形工艺。所以，从广义上说，液态的材料通过成形工艺转变为固态形状，都可以称为液态成形。在液态成形过程中主要涉及材料的液态性质、凝固过程的传热、单相及多相的结晶、成分偏析、气孔与夹杂、收缩、应力、变形及裂纹等问题，这是不同的材料经过液态成形时都会面临的，即使是简单的巧克力成形也如此。

通过本实验，主要了解两个方面：①材料性质对成形的影响；②模具设计与成形质量的关系。

二、实验原理

液态成形过程如图 2－1 所示，通常是由注入液态材料、模具成形、脱模三个主要过程组成。不同材料在使用该工艺过程成形时，根据材料的特性，还会有熔融、降温、真空排气等过程。基本原理就是物质由液态向固态相变化的过程。在这个转变过程中，涉及材料的物理和化学性质的维持或改变、成形的完美性、模具的性能等问题。不同类型的材料所面对的工艺技术问题是不同的。

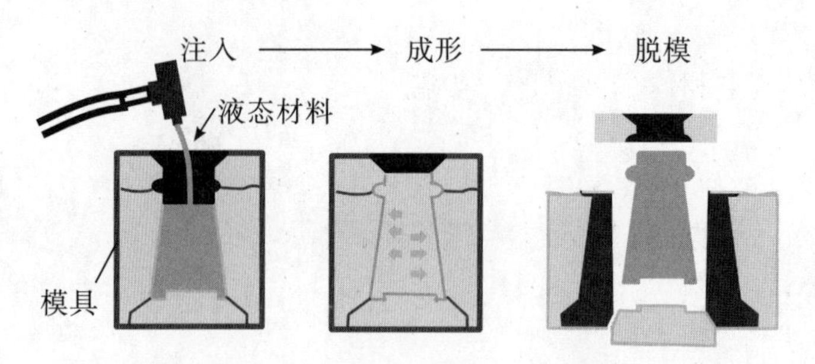

图2-1 液态成形过程示意图

三、实验内容

(一) 陶瓷的注浆成形实验

1. 实验用具

石膏模具等。

2. 实验药品

瓷泥浆原料。

3. 实验步骤

注浆成形主要是利用石膏模具吸收水分的特性，使泥浆吸附在模具壁上而形成均匀的泥层，在一定时间内达到所需厚度，倒出多余泥浆后，所吸附的泥浆逐渐硬化，经干燥并产生体积收缩后与模具脱离，即获得完好的雏形。

(1) 取调制好的瓷泥浆（流动性)。

(2) 装好模具，需要涂抹脱模剂的，在组装前涂刷脱模剂。

(3) 将泥浆缓慢注满模具内，避免“泥浆冲击”造成斑点、圈纹等缺陷。

(4) 判断合适的吸浆时间，使用浇注杯，接收余浆（自然压力回浆、放浆)。

(5) 判断脱模所要求达到的固化程度（一般为吸浆时间的一半)，实施脱模。

4. 提示

脱模前观察，当模具注浆口与坯体分离约0.5～1mm时，即可开模，取出坯体。

5. 实验结果及分析

重点在于石膏模具与泥浆中的水的作用。讨论影响成模的因素有哪些。

6. 思考题

(1) 过早脱模、过迟脱模各会出现什么问题?

(2) 模具设计应尽量避免什么样的结构形式?

（二）低熔点复合材料的液态成形实验

1. 实验用具

烧杯（250mL）、耐热容器、模具、加热器、电炉。

2. 实验药品

低熔点材料，如巧克力或砂糖、蜡等。

3. 实验步骤

（1）加热熔融低熔点材料。

（2）安装好自制或自选的模具。

（3）以合适的速度，将低熔点材料注入模具内，注满。

（4）固化后，实施脱模。

4. 提示

注入速度的控制，如注入过程中发生固化，可再加热熔融。

5. 实验结果及分析

观察是否有气泡、是否形状完整。

四、思考题

注入速度与加热温度的关系是什么？

表 2－1　实验记录表

序号	实验记录	备注

实验三

材料表面改性实验（气相法、液相法）

一、实验目的

（1）通过实验进一步学习和理解材料的表面特性。

（2）了解和实践化学方法对材料表面性能的改性。

（3）了解水在固体表面的铺展和浸润与表面能的关系。

（4）学习亲水性、疏水性改变的化学反应方法。

二、实验原理

（一）疏水表面概述

表面润湿性是固体表面的重要特性之一，也是极为常见的一类界面现象，固体表面的润湿性由其表面化学组成和微观几何结构共同决定。所谓疏水表面一般是指与静水滴的接触角（contact angle）即 θ 值大于90°的固体表面。而当接触角 θ 值达到一定值（常常是大于150°时），水滴在表面呈现荷叶效应，称这样的表面为超疏水表面。

表面疏水材料可以应用于防水、防雾、防雪以及防尘等领域。

通常，制备疏水表面的方法有两种：一种是在具有低表面能的疏水材料的接触角大于90°的表面构筑粗糙的几何结构；另一种是在具有粗糙结构的表面上利用低表面能物质如氟化物等进行表面修饰。

（二）接触角测量原理

液体与固体接触时的润湿情况有两种：

第一种情况，液体完全润湿固体表面，即液—气（l-g）界面与固—液（s-l）界面之间的接触角 $\theta=0°$。

第二种情况，液体部分润湿固体表面，即液体在固体表面形成液滴，呈现非零接触角。如图3-1所示，对于此种情况的宏观液滴，三相界面张力满足杨氏方程（Young Equation）：$\gamma_{sg}=\gamma_{sl}+\gamma_{lg}\times\cos\theta$。其中，$\gamma$ 为界面张力，下标 l、g 和 s 分别代表液相、气相和固相，θ 为接触角。

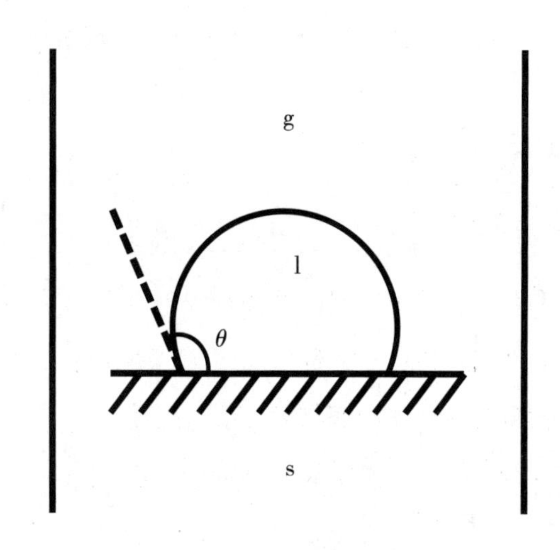

图3-1 静水滴接触角示意图

在学术上普遍认可的接触角的定义是：过三相接触点，向 l-g 界面做切线，l-g 界面切线与 s-l 界面之间的夹角，即为接触角 θ。

固体对某种液体的接触角越大，表明该液体对表面的润湿性越差。材料表面对水的接触角越大，表明材料的疏水性越强，反之，亲水性就越强。通常以静水滴接触角90°为界，大于90°称疏水表面；小于90°称亲水表面。要注意的是，这个标准不是绝对的，如在生物材料方面，有时也会以50°为界来评价亲水性和疏水性。

（三）硅烷偶联剂（疏水剂）

硅烷偶联剂是在分子中同时具有两种不同的反应性基团的有机硅化合物，可以形成无机相—硅烷偶联剂—有机相的结合层，从而使聚合物与无机材料界面间获得较好的粘结强度。目前，国外报道的硅烷偶联剂已达100多种，用途也深入到各个领域。除了作反应的偶联剂外，它还常用作表面疏水化改性的疏水剂。如图 3－2 所示，三甲氧基硅烷分子的甲氧基是反应活性基团，R 为饱和烷烃链，具有疏水性，发生表面反应，能够在表面导入疏水的烷烃基团，达到表面疏水化。

（四）疏水化技术和反应

材料表面疏水化改性有化学方法和物理方法。化学法是常用的方法，也可以制得单分子疏水表面。化学法的疏水化又分为气相反应方法和液相反应方法。气相反应法原理是利用气态的先驱反应物与固体表面的活性官能团，通过分子间化学反应，在基体上形成化学结合的疏水薄膜。常用甲氧基硅烷类分子作疏水反应剂。液相反应法可以通过疏水剂和溶剂与固体材料一起经过浸泡或加热回流反应，使疏水分子与基体表面反应达到疏水化。

化学反应过程，如图 3－2 所示。

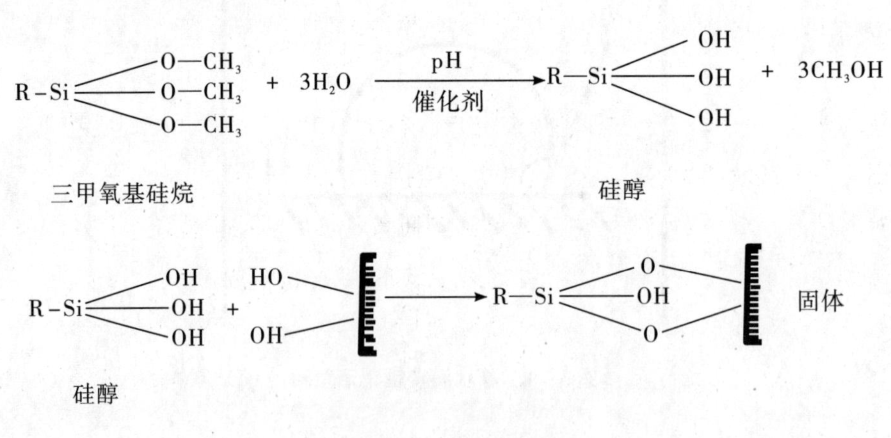

图 3－2　疏水化反应

三、实验内容

（一）气相疏水化反应实验

1．实验材料

载玻片、玻璃或废陶瓷粉体、多孔陶瓷等。

2．试剂

疏水剂［硅烷偶联剂（KH－580）或十八烷基三甲氧基硅烷］、无水乙醇、醋酸、正庚烷、蒸馏水。

3. **实验用具**

烧杯（50mL 每组 2 个）、镊子、耐高温聚四氟乙烯反应盒（每组 1 个）、小玻璃瓶（每组 1 个）、小喷瓶（3 个）、中型烧杯（2 个）。

4. **仪器设备**

JC2000C1 接触角测试仪（上海中晨数字技术设备有限公司）、GZX－9023MBE 电热恒温鼓风干燥箱（最高 300℃）、SB5200D 超声波清洗器或 JWO8A 紫外清洗测量系统（可不用）。

5. **实验步骤**

（1）样品前处理。

将玻璃切割成 2cm×2cm 左右的小玻璃片，清洗、干燥（确保玻璃片表面的有机污染等残留物得以清除）。清洗可事先用超声波经过蒸馏水—酒精—蒸馏水洗后，干燥。

（2）疏水化反应实验。

①将疏水化材料（玻璃基片或粉体）放入聚四氟乙烯反应盒中，再取疏水剂（20～50μL）装入专用玻璃小试瓶中，一起放进反应盒，盖上盖后，将反应盒放置干燥箱中，150℃～180℃（所设定的温度），反应 3 小时，待降温后，取出样品测量接触角。再用超声波将反应后样品清洗 30 秒左右后，再次测量接触角。

实验时注意：取样后迅速盖好疏水剂药剂瓶盖；反应后取出装疏水剂的小试瓶并迅速将里面剩余的药剂用纸擦干净；反应器和小试瓶以及用具均不可沾水。

②另取实验基片，将少量的醋酸用小喷瓶均匀喷在玻璃片上，再与①同样步骤，进行疏水化反应，反应温度设定在低温（50℃）。作为对比，同时也要做一个没有催化剂的样片，观察催化剂的作用。

疏水性能评价是使用静水滴接触角方法。

（3）接触角测量方法。

在室温环境下，用 JC2000C1 接触角测试仪测量样品表面的静水滴接触角；取 4 个不同位置点测量，最后取其平均值作为样品表面的接触角。作为比较，先测量一块已经清洗的普通玻璃 3～4 个不同位置与水的接触角，记录数据。

6. **实验结果及分析**

记录不同反应条件与疏水化效果的关系。

7. **思考题**

（1）影响疏水化效果的因素有哪些？

（2）醋酸的作用是什么？（提示：从反应过程考虑，反应速率慢的环节是控制疏水化反应完成的关键）

表 3-1　实验结果记录表（参考）

测量点	反应后样品		清洗后样品	
	正面	反面	正面	反面
1				
2				
3				
4				
5				
平均值				

（二）液相疏水化反应实验 1

1．实验材料

粉体材料（粒径 10～40μm）。

2. **实验设备**

磁力搅拌加热器或水浴加热器＋棒式搅拌器、铁架台、烧杯、玻璃棒、抽滤瓶、布式漏斗、研钵、量筒、圆底烧瓶（或平底三角瓶）、回流管、表面皿、pH 试纸。

3. **试剂**

疏水剂［硅烷偶联剂（KH－580）或十八烷基三甲氧基硅烷］、无水乙醇、草酸、乙酸、蒸馏水。

4. **实验操作步骤**

（1）将 30mL 无水乙醇和 10mL 蒸馏水，倒入圆底烧瓶，再称取粉体 0.5g，取 15mL 硅烷偶联剂，倒入圆底烧瓶，并用草酸调节 pH 值至 4 左右（用玻璃棒蘸取溶液滴在 pH 试纸上，与标准比色卡对照）。

（2）安装好回流装置，打开回流冷却器和搅拌器，调节温度至 70℃左右，反应进行 90 分钟。90 分钟后，停止反应，趁热将反应悬浮液倒出，固液分离（抽滤、过滤）。出物烘干（50℃）后，对改性后粉体，用目测和仪器测量，评价改性效果。

（3）疏水性能评价。目测方法：将水滴在未处理粉体与处理粉体上面，观察、拍照记录；静水滴接触角测量法：用接触角测试仪测量样品表面与水的接触角。

5. **思考题**

为什么 pH 值要调到 4 左右？

6. **实验数据记录**

样品名	图像

表 3－2 实验结果记录表（参考）

测量点	反应后样品		清洗后样品	
	正面	反面	正面	反面
1				
2				

（续上表）

测量点	反应后样品		清洗后样品	
	正面	反面	正面	反面
3				
4				
5				
平均值				

（三）液相疏水化反应实验 2

1. 实验材料

滤纸、玻璃片、玻璃粉体（粒径 10～40μm）、多孔陶瓷。

2. 实验设备

烧杯（100～200mL，视实际样品决定）、玻璃棒、布式漏斗、表面皿、电子天平。

3. 试剂

疏水剂［硅烷偶联剂（KH－580）或十八烷基三甲氧基硅烷］、正庚烷。

4. 实验操作步骤

（1）清洗：将烧杯用酒精清洗，晾干。用蒸馏水把勺子和滴管清洗干净，晾干。

（2）准备待改性样品：用电子天平称 1g 粉体或取一片样片。

（3）制备疏水剂：分别量取疏水剂和正庚烷，放入烧杯中，配制 10mL 的混合溶液，疏水剂：正庚烷（体积比）为10%。

（4）将2份1g样品（滤纸或粉体）分别倒入装有上述10%溶液的烧杯中，振荡，并在烧杯上平铺一张小白纸，室温下分别静置数小时（3小时、10小时），到了每个时间点，取出样品（若是粉体样品要用滤纸过滤），用白纸包好并贴上标签。

（5）取出的样品以50℃烘干。

（6）疏水性能评价。测接触角：铺平粉体，利用接触角测试仪测量静水滴接触角。每个样品取5个不同的点测量，记录数据。

拍照观察粉体疏水性；把改性后和改性前的粉体分别放进2个同样直径的瓶子中，加入等量的水，振荡后拍照，观察其在水中的悬浮分散性。

5. 思考题

液相方法与气相方法相比较，优点是什么？

6. 实验数据记录

表3-3 实验结果记录表（参考）

测量点	反应后样品		清洗后样品	
	正面	反面	正面	反面
1				
2				
3				
4				
5				
平均值				

实验四

无机膜材料传感性能实验（微量水量与膜材料的交流阻抗响应）

一、实验目的

对于高精密度设备和绝缘要求高的设备，如发电厂高压电开关的内部密封性关系到整个系统的安全，微量水影响是需要时刻在线监控的。无机非金属复合膜材料用于微量水感应器已经有相关产品问世。

本实验的目的是，通过测量不同微量水含量（湿度）环境下无机膜材料的交流阻抗变化，了解膜传感器材料的应用。

二、实验原理

（一）微量水感应器的介绍

湿度是大气中水汽占给定温度下空气中饱和水汽的百分比。该物理量广泛应用于军事、气象、农业、工业（特别是纺织、电子、食品）、医疗、建筑以及家用电器等方面，与工农业生产及我们的生活息息相关。

（二）微量水感应器的应用

关于微量水感应器的研究已经有好多年。传统的微量水感应器有毛发湿度计、干湿球湿度计、露点湿度计等。当前，微量水感应器正从简单的湿敏元件向集成化、智能化、多参数检测和可在线监控的方向迅速发展。生活生产中对各类高性能湿度传感器的需求日趋迫切，包括阻抗、电容、光学、场效应管、石英微天平、声表面波等多种技术均已应用到湿度检测当中。发电厂、变电站所用的高压电开关是使用 SF6 气体绝缘保护的，极微量水的存在会影响高压电开关的寿命。水分含量超标使开关的绝缘性能降低，导致高压击穿、局部放电等直接影响高压电开关性能。在线实时监控是重要的，其中的重要器件就是传感器，一些无机非金属材料和复合材料制作的膜传感器件已经用在它上面。其原理主要是当制备的无机膜材料有极少量的水存在时，会使无机膜的交流阻抗发生变化，将阻抗的变化信号取出，就可以监控水分的含量。

（三）微量水感应器的交流阻抗变化原理

微量水感应器是利用湿敏元件的电气特性（如交流阻抗值）随湿度的变化而变化的原理进行湿度测量的传感器。湿敏感应器一般是在绝缘物上涂覆或浸渍吸湿性物质，再通过蒸发、涂覆等工艺附加电极而成。在湿敏感应器的吸湿和脱湿过程中，水分子分解出的 H^+ 的传导状态发生变化，从而使感应器的交流阻抗值随湿度而变化。在众多的感湿性材料之中，首先被人们注意到并应用于制造湿敏器件的是氯化锂，利用氯化锂电解质感湿液的当量电导随着溶液浓度的增加而下降，电解质溶解于水中可降低水面上的水蒸气压的原理而实现感湿。氯化锂感湿基片的结构为在合适的绝缘物衬底上方制作一对金属电极，涂覆一层氯化锂感湿膜。氯化锂感湿膜由氯化锂和聚乙烯醇混合制作而成。

三、实验仪器和设备

1. 实验仪器与样品

表 4－1　实验仪器与样品

序号	名称	型号	品牌	数量（个）	备注
1	LCR 测量仪	3522－50	HIOKI	1	工作前需要预热
2	露点变送器	Easidew Transmitter	MICHELL	1	
3	露点温度显示屏	Easidew Online	MICHELL	1	需要接在变压器上运行
4	露点温度显示屏用变压器			1	
5	实验容器 1			1	可同时最多接 3 个样品
	实验容器用内接线			6	
6	实验容器 2			1	可同时最多接 15 个样品
	实验容器用内接线			6	
7	实验容器用外接线			30	
8	真空泵	2XZ－1	中工	1	需要定期换油
9	真空稳压包	WYB－I	南大万和	1	
10	恒温槽				
11	微量水感应传感元件	RD3	三菱	30	日常密封保存

2. 仪器与样品实物图

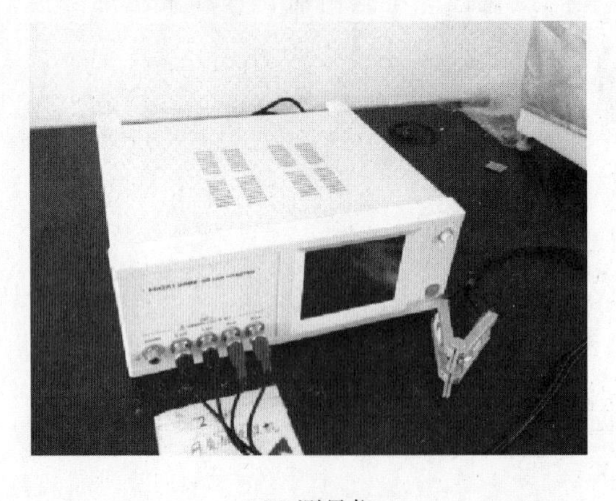

LCR 测量仪

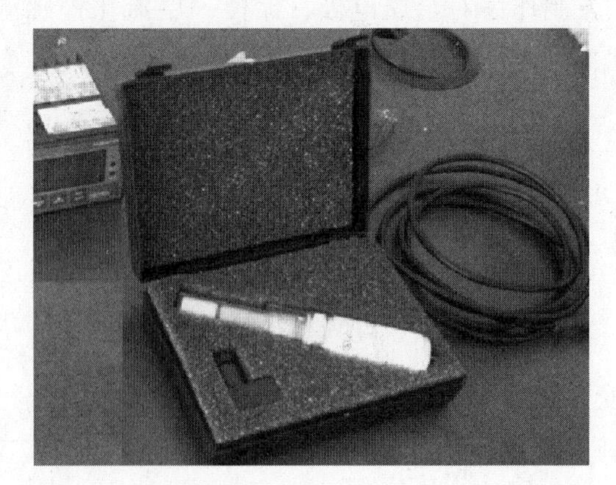

露点检测头

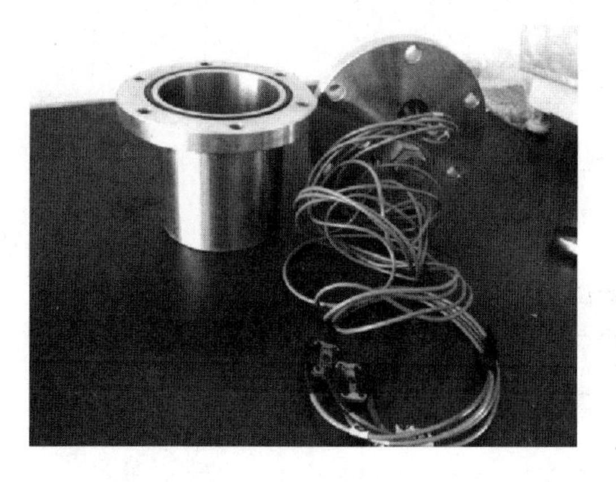

实验容器 1

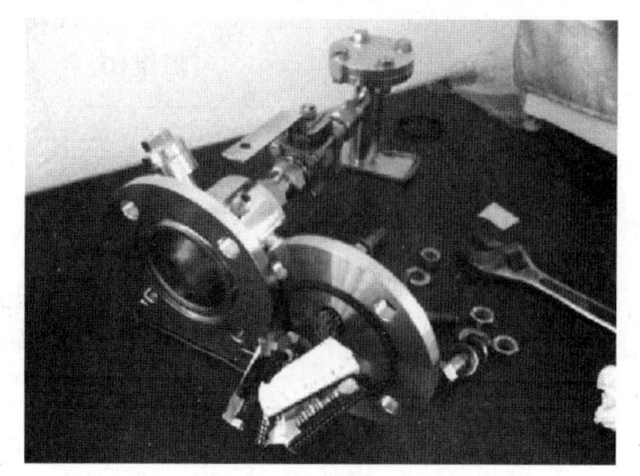

实验容器 2

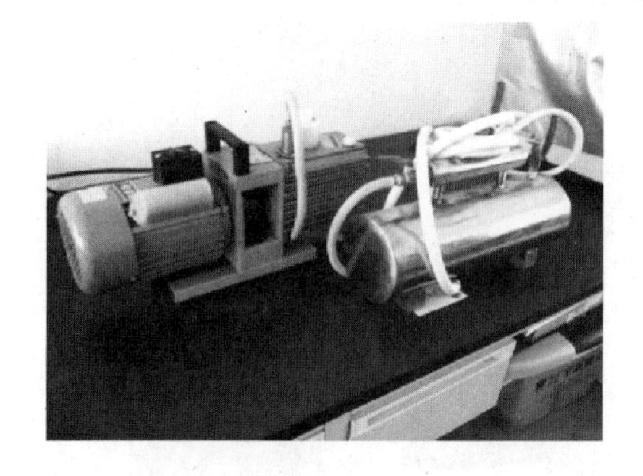

真空泵

微量水感应传感元件

图 4－1　仪器与样品实物图

3．仪器与样品连接示意图

仪器与样品连接示意图见图 4－2、图 4－3。

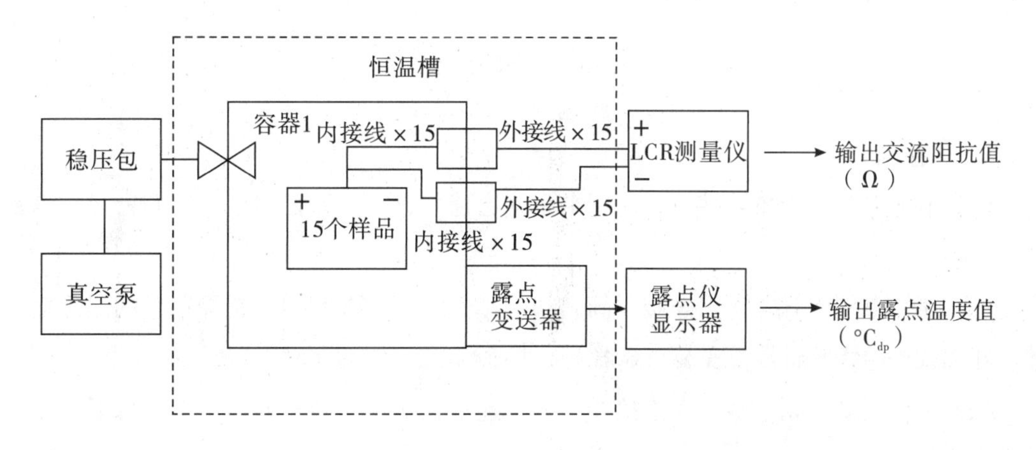

图 4－2　多样品评估实验连接示意图

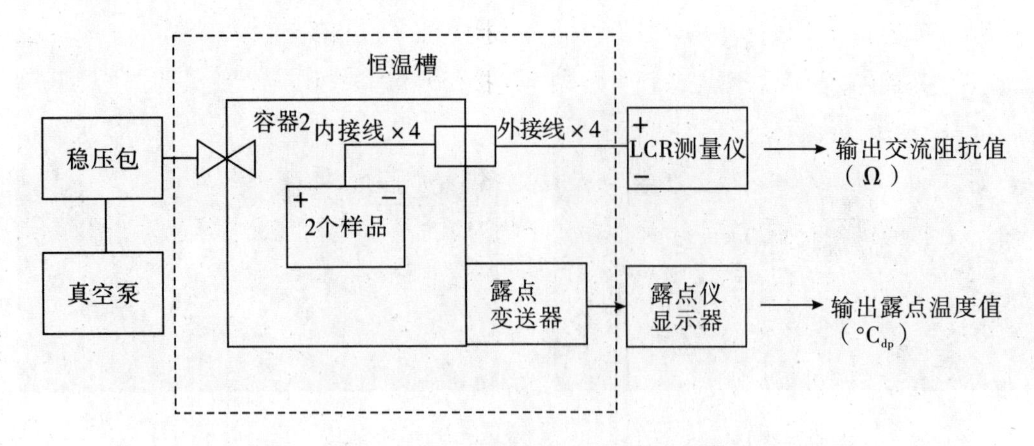

图4－3　2个样品评估实验连接示意图

4．连接总图

在连接仪器之前，必须熟悉各个仪器设备的原理，以防错误连接导致仪器设备运行时发生危险事故或者损坏仪器，如图4－4所示。

（a）　　（b）

图4－4　仪器连接示意图

5．连接细节

（1）在通气管与设备连接处，先用卡子固定通气管，然后，利用玻璃胶密封，静置3个小时以上。

（2）通气管另一端与容器连接，固定和密封方式参照图4－4；选择适合的露点变送器，在螺纹处缠绕密封带，安装在容器上。

（3）露点变送器对应的3条连接线，分别连接在显示仪的输入槽位上。背面右下角为电源槽位。

（4）在容器外部设计的金属导体上插入外接电线，与内接电线相连通。

（5）外接电线的另一端分成正负两极，连接在 LCR 测量仪的输入端。

6. LCR 测量仪的设置（由实验员设置）

（1）按下屏幕左侧第一个按钮，设置第一个按钮显示的物理量。

（2）按下屏幕右侧 Z 按钮，设置第一个物理量阻抗，然后回到主界面。

（3）回到主界面后，按下 MENU 按钮显示菜单。

（4）按下 RANGE 按钮，进入量程设置界面，按下 AUTO 按钮，回到菜单。

（5）按下 SHORT 按钮，进入短路补偿界面，按下 ALL 按钮。

（6）按下 RUN 按钮，并把金属棒放置在两个检测头中间夹住，形成短路状态。

（7）进行短路补偿。

（8）短路补偿成功。

（9）按下 OPEN 按钮，进入开路补偿界面，按下 ALL 按钮。

（10）按下 RUN 按钮，保持两个检测头按住打开，形成开路状态。

7. 露点温度显示屏的设置

接着上面步骤（10）的操作进行。只需要根据露点温度计的测量范围，修改下面设置步骤的两点校验值和显示范围值。

（1）按下 PROG 按钮，显示 tECH。此时按下 SET 按钮，屏幕会在 PinP 和 ConF 之间切换。

（2）按下 SET 按钮，显示 iSSL。按下右箭头按钮，屏幕闪现四位数字。使用箭头按钮将闪动数字调整到“0002”，这表示我们把传感器类型设置成电流输出型。

（3）按下 SET 按钮，显示 uASL。按下右箭头按钮，屏幕闪现四位数字。使用箭头按钮将闪动数字调整到“0004”，这表示我们把传感器输出电流范围设定为 4～20mA。

（4）按下 SET 按钮，显示 dPnt。按下右箭头按钮，屏幕闪现四位数字。使用箭头按钮将闪动数字调整到“0001”，这表示显示值为小数点后 1 位。

（5）按下 SET 按钮，显示 uCAL。按下右箭头按钮，屏幕闪现四位数字。使用箭头按钮将闪动数字调整到“0001”，这表示校验类型是两点校验。

（6）按下 SET 按钮，显示 tPoL。按下右箭头按钮，屏幕闪现四位数字。使用箭头按钮将闪动数字调整到“－100.0”，这表示设定了两点校验中的最小值。（如果需要显示单位“F”，则闪动数字应调整到“－148.0”）

（7）按下 SET 按钮，显示 tPoH。按下右箭头按钮，屏幕闪现四位数字。使用箭头按钮将闪动数字调整到“020.0”，这表示设定了两点校验中的最大值。（如果需要显示单位“F”，则闪动数字应调整到“068.0”）

（8）按下 SET 按钮两次，显示 unit。按下右箭头按钮，屏幕出现一个闪动值。使用箭头按钮将闪动值调整到“C”，这表示设定显示单位为摄氏度。（如果需要显示单位“F”，则闪动值应调整到“F”）

（9）按下 SET 按钮，显示 LoL。按下右箭头按钮，屏幕闪现四位数字。使用箭头按钮将闪动数字调整到“－100.0”，这表示设定了显示范围的最小值。（如果需要显示单位“F”，则闪动数字应调整到“－148.0”）

（10）按下 SET 按钮，显示 uPL。按下右箭头按钮，屏幕闪现四位数字。使用箭头按钮将闪动数字调整到“020.0”，这表示设定了显示范围的最大值。（如果需要显示单位“F”，则闪动数字应调整到“068.0”）

（11）按下 SET 按钮三次，屏幕会在 PinP 和 ConF 之间切换。按下右箭头按钮，屏幕会在 out1 和 ConF 之间切换。

（12）按下 SET 按钮，显示 oAt1。按下右箭头按钮，屏幕出现一个闪动数字。使用箭头按钮将闪动数字调整到“0001”，这表示设定模拟输出为 4～20mA。

（13）按下 SET 按钮，屏幕会在 out1 和 ConF 之间切换。按下右箭头按钮三次，屏幕会在 Genn 和 ConF 之间切换。

（14）按下 SET 按钮，显示 SU－L。按下右箭头按钮，屏幕出现一个闪动数字。使用箭头按钮将闪动数字调整到“－100.0”，这表示设定报警设置点的最小值。（如果需要显示单位“F”，则闪动数字推荐调整到“－148.0”）

（15）按下 SET 按钮，显示 SU－u。按下右箭头按钮，屏幕出现一个闪动数字。使用箭头按钮将闪动数字调整到“020.0”，这表示设定报警设置点的最大值。（如果需要显示单位“F”，则闪动数字推荐调整到“068.0”）

以上仅是一个常用的设置流程。

四、实验内容

（一）膜的响应特性实验

在相同的温度下（20℃），测量对应湿度的交流阻抗值，作出湿度水分量（ppm）对交流阻抗值（Ω）坐标系以及湿度感应精度误差图。

响应特性图的自变量（横轴）为水分量（ppm），因变量（纵轴）为交流阻抗值（Ω）。

（二）实验步骤

（1）连接仪器，将容器放入恒温槽，调节目标温度，恒温2小时。

（2）关闭大气压阀门，打开抽气阀门，再打开真空泵，观察各个环节是否存在漏气，检查后关闭真空泵。

（3）打开LCR测量仪，预热1小时。

（4）固定LCR测量仪的测量夹子，对LCR测量仪进行开路补偿和短路补偿，并调节显示面板直至输出交流阻抗值。

（5）对露点温度显示屏进行设置。

（6）计算到达环境水分量时，对应的露点温度值。

（7）打开真空泵，待露点温度显示仪达到对应的露点温度（环境水分量对应的露点温度）时，关闭稳压包上的抽气阀门，待露点温度值稳定，通过LCR测量仪与容器外接线相连，读出此时的交流阻抗值并记录。

（8）待读取完毕，打开抽气阀门，直至达到下一个对应的露点温度时，重复上面步骤（7）的操作，读出交流阻抗值并记录。

（9）实验结束，关闭真空泵，打开大气压阀门，待系统湿度还原，关闭阀门。注意必须遵守关闭的顺序。

（三）实验数据记录

表4-2　实验结果记录表（参考）

序号	湿度	阻抗值	对数值
1			
2			

（续上表）

序号	湿度	阻抗值	对数值
3			
4			
5			

五、思考题

（1）如何从实验结果评价传感器对微量水的感应？

（2）开放式讨论，选择传感材料时首先要考虑的是什么？

实验五

无机纳、微米晶须制作（静电纺丝）

一、实验目的

（1）了解静电纺丝原理。

（2）掌握 Al_2O_3 等无机陶瓷纤维和晶须制备过程。

二、实验原理

静电纺丝原理：在静电纺丝过程中，喷射装置中装满了充电的聚合物溶液或熔融液。在外加电场作用下，受表面张力作用而保持在喷嘴处的高分子液滴，在电场诱导下表面聚集电荷，受到一个与表面张力方向相反的电场力。当电场逐渐增强时，喷嘴处的液滴由球状被拉长为锥状，形成所谓的“泰勒锥（Taylor cone）”。而当电场强度增加至临界值时，电场力就会克服液体的表面张力，从泰勒锥中喷出。喷射流在高电场的作用下发生振荡而不稳定，产生频率极高的不规则性螺旋运动。在高速振荡中，喷射流被迅速拉细，溶剂也迅速挥发，最终形成直径在纳米级的纤维，并以随机的方式散落在收集装置上，形成无纺布，如图 5 - 1 所示。该方法可用来制备多种无机纤维或晶须材料。

静电纺丝法是制备微米、纳米级纤维最直接有效的方法。静电纺丝技术相比于常规的纺丝技术具有明显的优势：首先，它可以稳定地制备直径在纳米级的纤维。电纺纤维的直径比常规的纺丝方法得到的纤维小一个或两个数量级，从而具有更高的比表面积。其次，电纺纤维的制备成本低廉、工艺流程简单，分离时间比常规的纺丝方法短，所制备的纤维的聚合物种类多（目前已有 600 多种），其在分离工业中可被用作过滤膜来分离微米级粒子，并在可控药物释放及生物组织工程支架等领域有广泛的应用前景。

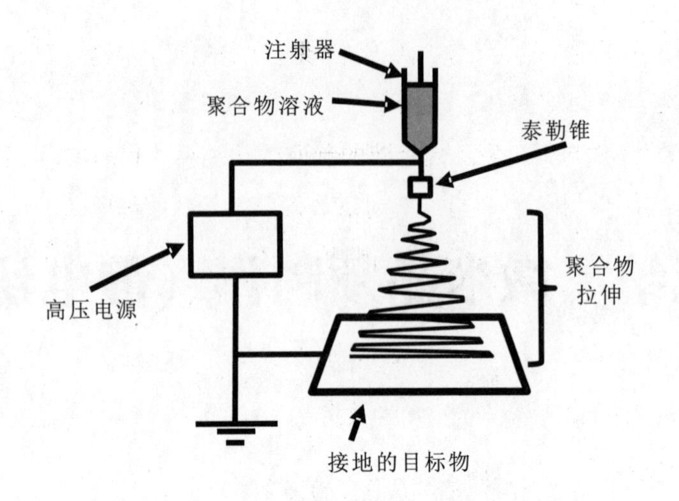

图 5－1　无机材料静电纺丝实验示意图

氧化铝纳、微米纤维（多晶莫来石纤维），与碳纤维、碳化硅纤维等非氧化物纤维相比，氧化铝纳、微米纤维不仅具有高强度、高模量、耐高温等优良性能，而且还有很好的高温抗氧化性、耐腐蚀性和电绝缘性。它可与树脂、金属或陶瓷进行复合制备高性能复合材料，在航空、航天、军工及高科技领域应用广泛。

氧化锌纳、微米纤维。氧化锌（ZnO）的禁带宽度达 3.37eV，激发能可达 60meV，被广泛用于气体传感器、电子器件、光散射装置和太阳能电池等。ZnO 的形貌对其物理性能和化学性能具有显著影响，迄今已有多种 ZnO 纳米结构，如纳米杆、纳米线、纳米管、纳米带等。由于 ZnO 的合成方法烦琐，结构不易被精确控制，极大地限制了其应用。因此，发展简单易行的、可精确调控 ZnO 分级结构的新合成方法，对于扩展 ZnO 的应用至关重要。

三、实验内容

（一）静电纺丝制备 Al_2O_3 陶瓷纤维实验

1. 实验用品（试剂及仪器）

试剂：羟铝基氯化物、聚乙烯醇（分子量：130 000）、蒸馏水。

仪器：静电纺丝设备、搅拌器、烧杯（100mL）/磁子、量筒（100mL）、天平、马

弗炉、陶瓷坩埚、电子显微镜。

2. **实验步骤**

（1）10%聚乙烯醇溶液的制备。称量1g聚乙烯醇，放入烧杯中，加入10mL蒸馏水，在80℃加热搅拌至聚乙烯醇完全溶解。

（2）羟铝基氯化物与聚乙烯醇混合液的制取。在步骤（1）10%的聚乙烯醇溶液中，加入5g羟铝基氯化物，室温下搅拌1小时。放置2天后，用静电纺丝设备制备纺丝，所得产品放置在陶瓷坩埚中，在1 100℃马弗炉高温烘箱中加热1小时，得到Al_2O_3陶瓷纤维。

（3）静电纺丝设备的使用。由实验指导教师操作，并将制备好的样品在电子显微镜下观察并拍照，判断实验结果（指导教师负责）。

（二）静电纺丝制备氧化锌纳米晶须实验

采用静电纺丝技术制备聚乙烯醇/醋酸锌纳米混合物晶须，烧结后得到ZnO纳米晶须，并对ZnO光催化性能进行评测。

1. **实验用品（试剂及仪器）**

试剂：PVA、醋酸锌［$Zn(Ac)_2 \cdot 4H_2O$］。

仪器：静电纺丝设备、搅拌器、烧杯（100mL）/磁子、量筒、天平。

2. **实验步骤**

（1）静电纺丝前驱体溶液的制备。

将1.5g醋酸锌溶解于10mL乙醇中，磁力搅拌30分钟。将0.5mL该溶液缓慢滴加到10mL质量分数为30%的PVA溶液中，充分搅拌，直至形成均一的稳定溶液。

（2）PVA/$Zn(Ac)_2$复合纳米晶须的制备。

在带有5#平口不锈钢针头的5mL玻璃注射器中吸入3mL前驱体溶液，调整针尖到接收装置（以铜栅栏作为接收装置）的距离为15cm，喷射电压为15kV，推进速度为1mL/h，以铜栅栏作为接收装置，纺丝一定时间，得到PVA/$Zn(Ac)_2$混合物纳米晶须，将得到的混合物纳米晶须（连接铜栅栏一起）置于真空干燥器中在70℃干燥5小时，待用。

（3）ZnO纳米晶须的制备。

将步骤（2）得到的PVA/$Zn(Ac)_2$混合物纳米晶须置于马弗炉中焙烧。先在130℃恒温2小时，然后再以0.5℃/min的速率升温到500℃，并在500℃下恒温焙烧1小时后，冷却，取出烧成样品，使用电子显微镜观察、拍照记录（指导教师负责）得到的ZnO纳米晶须。

四、实验结果及分析

制作过程中，纺丝成败以及丝的粗细如何控制？分析纤维形状和长度与实验条件的关系。

五、思考题

溶液的浓度对实验结果有什么影响？纺出的丝是否就是无机纤维？还需如何处理？

表 5-1　实验记录表（参考）

序号	纤维或晶须照	备注

实验六

高分子材料聚合实验

一、实验目的

（1）通过实验了解本体聚合的基本原理和特点，并着重了解聚合温度对产品质量的影响。

（2）掌握有机玻璃制造的操作技术。

二、实验原理

本体聚合又称为块状聚合，它是在没有任何介质的情况下，单体本身在微量引发剂的引发下聚合，或者直接在热、光、辐射线的照射下引发聚合。

本体聚合的优点是：生产过程比较简单，聚合物不需要后处理，可直接聚合成各种规格的板、棒、管制品，所需的辅助材料少，产品比较纯净。但是，由于聚合反应是一个连锁反应，反应速度较快，因此在反应的某一阶段会出现自动加速现象，反应放热比较集中；又因为体系黏度较大，传热效率很低，所以大量热不易排出，从而易造成局部过热，使产品变黄，出现气泡，进而影响产品质量和性能，甚至会引起单体沸腾爆聚，使聚合失败。因此，本体聚合中严格控制不同阶段的反应温度，及时排出聚合热，乃是聚合成功的关键。对于不同的单体而言，其聚合热不同，大分子活性链在聚合体系中的状态（伸展或卷曲）也不同；凝胶效应出现的早晚不同，其程度也不同。并不是所有单体都能选用本体聚合的实施方法，一般是为了便于生产操作的控制才选用聚合热适中的单体。

甲基丙烯酸甲酯和苯乙烯的聚合热分别为56.5kJ/mol和69.9kJ/mol，它们的聚合热是比较适中的，工业上已有大规模的生产。大分子活性链在聚合体系中的状态，是影响自动加速现象出现早晚的重要因素，比如，在聚合温度50℃状态下，甲基丙烯酸甲酯聚合转化率为10%～15%时，会出现自动加速现象，而苯乙烯在转化率为30%以上时，才出现自动加速现象。这是因为甲基丙烯酸甲酯对它的聚合物或大分子活性链的溶解性能不太好，大分子在其中呈卷曲状态，而苯乙烯对它的聚合物或大分子活性链溶解性能要好些，大分子在其中呈比较伸展的状态。以卷曲状态存在的大分子活性链，其链端易包在活性链的线团内，这样活性链链端被屏蔽起来，使链终止反应受到阻碍，因而其自动加速现象就出现得早些。

需注意的是：由于本体聚合反应有反应易引发、反应速度较快、反应放热集中等特点，易造成局部过热，出现气泡，导致产品不合格，甚至会引起单体沸腾爆聚，因此在反应配方及工艺条件控制上需要较低的引发剂浓度和反应温度，反应条件设计要随不同阶段而异，这样才能得到合格的制品。

三、实验内容

（一）实验用具和试剂

1. 实验用具

试管、平板玻璃（5cm×10cm）、弹簧夹、250mL锥形瓶、玻璃纸、牛皮纸、包锡纸的软木塞、温度计、毛细管、锅式电炉、小玻璃漏斗、模具、小刀。

2. 试剂

单体、甲基丙烯酸甲酯（已精制）、引发剂、过氧化二苯甲酰（已用重结晶法精制）、蒸馏水。

（二）甲基丙烯酸甲酯本体聚合实验

实验参考步骤：

（1）取5支10mL试管，预先用洗液、自来水和蒸馏水依次洗干净，烘干备用。

（2）在每支试管中分别加入引发剂，其用量分别为单体质量的0%、0.1%、0.5%、1%、3%。然后分别加入2g新蒸馏的甲基丙烯酸甲酯，待引发剂完全溶解后，用包锡纸的软木塞盖上，静置在70℃的烘箱中，观察聚合情况，记录所得结果，并进行分析讨论。

（三）甲基丙烯酸甲酯铸塑本体聚合（有机玻璃制作）

实验参考步骤：

（1）将同样大小的两片平板玻璃，洗净烘干，在四角放上垫块，然后将四边对齐，四周用玻璃纸和牛皮纸封严（可糊两层，一定要封得严密，否则物料会漏出），但要在一边留一个小口，以便灌料，然后将模具放于70℃～80℃的烘箱中烘干。

（2）在洁净的250mL锥形瓶中称取单体质量的0.1%的过氧化二苯甲酰，然后加入30mL的甲基丙烯酸甲酯单体，用包锡纸的软木塞盖上瓶口（软木塞上打两个孔，其一插上温度计，另一插上一支毛细管）摇匀后，在90℃～95℃的锅式电炉中进行预聚，在预聚过程中仔细观察体系黏度的变化，当体系黏度稍大于甘油黏度时，立即取出并放入冷水中冷却，停止聚合反应。预聚合时间需20分钟左右。

（3）将以上制好的预聚物，通过小玻璃漏斗，小心地由开口处灌入模中（不要灌得太满，以免外溢）。

（4）将灌好预聚物的模具，放于烘箱中，按表6－1中规定的工艺条件聚合。

（5）将模具从烘箱中取出并在空气中冷却，然后将模具放在冷水中浸泡，用小刀刮去封纸，取下玻璃片，即得到光滑无色透明的有机玻璃。

四、思考题

（1）本体聚合与其他聚合方法比较，有什么特点？

（2）制备有机玻璃时，为什么要首先制成具有一定黏度的预聚物？

（3）在本体聚合反应过程中，为什么必须严格控制不同阶段的反应温度？

（4）凝胶效应进行完毕后，提高反应温度的目的何在？

附：常用聚合工艺条件

表6－1　聚合工艺条件

<table>
<tr><td>板材厚度 δ/mm</td><td colspan="2">保温温度 θ/℃</td><td>保温时间</td><td colspan="2">高温聚合条件</td><td>冷却速度</td></tr>
<tr><td></td><td>无色透明片</td><td>有色片</td><td>t/h</td><td>t/h</td><td>θ/℃</td><td rowspan="6">以在2～2.5h内冷却至40℃的速度冷却</td></tr>
<tr><td>1～1.5</td><td>52</td><td>54</td><td>10</td><td>1.5</td><td>100</td></tr>
<tr><td>2～3</td><td>48</td><td>50</td><td>12</td><td>1.5</td><td>100</td></tr>
<tr><td>4～6</td><td>46</td><td>48</td><td>20</td><td>1.5</td><td>100</td></tr>
<tr><td>8～10</td><td>40</td><td>40</td><td>36</td><td>1.5</td><td>100</td></tr>
<tr><td>12～16</td><td>36</td><td>38</td><td>40</td><td>2～3</td><td>100</td></tr>
</table>

实验七

手糊阻燃复合材料平板实验（手糊成形工艺）

一、实验目的

（1）掌握手糊成形工艺的技术要点、操作程序和技巧。

（2）学会用石膏或木材制作简单形状的模具，并使模具表面达到较高质量。

（3）合理剪裁玻璃布和铺设玻璃布。

（4）进一步理解不饱和聚酯树脂、胶衣树脂配方、凝胶、脱模强度、复合树脂层等物理概念和实际意义。

二、实验原理

手糊成形工艺属于低压成形工艺，所用设备简单、投资少、见效快，有时还可现场制造某些制品，所以在国内很多中小企业仍然是以手糊为主要生产方式，即使是大型企业也经常用手糊成形工艺来解决一些临时的、单件的生产问题。

手糊成形工艺的最大特点是灵活，适宜于多品种、小批量生产。

目前，在国内采用手糊成形工艺生产的产品有浴盆、波纹瓦、雨阳罩、冷却塔、活动房屋、贮槽、贮罐、渔船、游艇、汽车壳体、大型圆球屋顶、天线罩、卫星接收天线、舞台道具、航空模型、设备护罩或屏蔽罩、通风管道、河道浮标等。因此，复合材料专业的学生掌握手糊成形工艺技术很有必要。

因为不饱和聚酯树脂中的苯乙烯既是稀释剂又是交联剂，在固化过程中不放出小分子，所以手糊制品几乎90%是采用不饱和聚酯树脂。

三、实验内容

1. 手糊阻燃复合材料平板实验

（1）用添加阻燃剂方法手糊3mm厚和4mm厚且长、宽各300mm的阻燃玻璃钢平板。

（2）手糊工艺操作。

（3）对自己的手糊制品进行非破坏性质量评定。

2. 实验仪器和药品

（1）手糊工具：辊子、毛刷、刮刀。

（2）模具制作：盒子、刮板、砂纸、木工工具。

（3）试剂和材料。见表7－1（表内为一组实验所需要的用量）。

表7－1 实验试剂和材料

实验用品	用量	备注
191#不饱和聚酯树脂	100质量份×2	
四溴邻苯二甲酸二烯丙酯	10质量份	
Sb_2O_3粉（阻燃剂）	3质量份	
50%过氧化环己酮二丁酯混合液	5质量份	
0.42%钴浓度环烷酸钴苯乙烯糊	2～3质量份	
平板	4块	
脱模纸	根据实际实验需要	根据实际实验需要剪裁
20#玻璃布（0.2mm厚）	10块	300mm×30mm
18#玻璃布（0.18mm厚）	10块	300mm×300mm

3. 实验步骤

（1）场地准备。制作模具和手糊要占据一定的场地，通常不宜在实验桌上进行。另外，要求手糊场地气温在15℃～25℃范围内，且不潮湿，无灰尘飞扬，通风，清洁。

（2）玻璃布剪裁。按铺层顺序选择表面毡（根据实际需要可选用其他代用材料或不使用）和玻璃布，并分别预算各自的层数；算好具体形状的尺寸。

（3）如表7－2所示比例配制不饱和聚酯树脂。

表 7-2 实验用品配比

实验用品	质量份
191# 不饱和聚酯树脂	100 质量份（100g）
四溴邻苯二甲酸二烯丙酯	10 质量份（10g）
Sb_2O_3 粉	3 质量份（3g）
50% 过氧化环己酮二丁酯混合液	5 质量份（5g）
0.42% 钴浓度环烷酸钴苯乙烯糊	2～3 质量份（2～3g）

（4）在一平板上铺一块脱模纸，然后按手糊方法，将 10 块 300mm×30mm 的 20# 玻璃布（0.2mm 厚）分层涂刷调制好的树脂，然后叠合起来，再覆上一张脱模纸，用平板平压，可得到约 4mm 厚的玻璃钢平板。同样取 8～9 块 300mm×300mm 的 18# 玻璃布（0.18mm 厚）手糊操作，可得到约 3mm 厚的玻璃钢平板。12 小时以后可脱去脱模纸，放在平整地方留待其他实验用。

（5）按上述操作，做一块不添加阻燃剂的不饱和聚酯树脂与玻璃布复合的 300mm×30mm×3mm 的平板，以备燃烧实验比较之用。

四、实验结果及分析

实验中成功和失败的地方都要记录，并且分析原因。

表 7-3 实验记录表

实验小组	实验过程现象记录	原因

实验八

流体流动形态观察——雷诺数实验

一、实验目的

（1）观察流体在圆管内流动的不同形态。

（2）观察层流时的速度分布。

二、实验原理

由于实际流体具有黏度、滞性，因此在导管中流动时有两种完全不同的形态——层流、湍流。流体做层流流动时，其质点做直线运动且相互平衡；湍流时，质点紊乱地向各个方向做不规则运动，流动形态由雷诺数决定。雷诺数的公式如下：

$$Re = \frac{\rho u d}{\mu}$$

其中，ρ、u、μ 分别为流体的密度、流速与黏性系数，d 为特征长度，流体流过圆形管道，则 d 为管道直径。

对于一定温度的某物系在特定的圆管内流动，雷诺数仅与流速有关。

本实验改变流体在管内的速度，观察在不同雷诺数下流体形态的变化，当速度低于或等于某一定值时，流体质点做相互平行的直线运动，流体形态属于层流，此时的流速称为临界速度，其 Re 数值称为临界 Re 数，当流速逐渐增大时，有一个过渡期，然后变为湍流。补充：运动黏度与 Re 的关系如下：

雷诺数：反映惯性力与黏性力的比值，因为运动黏度系数 $\nu=\rho/\mu$，所以 $Re=\rho ud/\mu=\nu ud$。

流体流速 u，可以由流体流速与管径、流量的关系式求得：

$$Q=u\cdot r^2\cdot\pi\cdot 3\,600$$

其中，Q 为流量（m^3/h）；u 为流速（m/s）；r 为圆管半径（m）。

三、实验内容

（一）实验仪器

自循环供水系统、水箱（可添加颜色）、排水阀等。

（二）流体介质

水、墨水。

（三）装置

装置（参见图 8－1）主要由高位水槽、玻璃管、转子流量计、红蓝墨水注入系统等组成，高位水槽内设缓冲器及溢流管，以保持出水流动平稳。排水由阀门根据流量计指示加以调节。玻璃管中流体流动状态，可直接由墨水的流动状态观察出来。

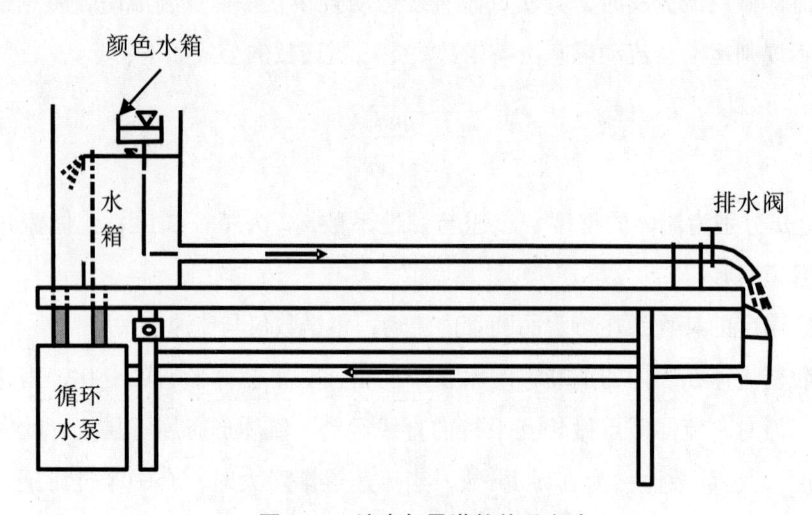

图 8－1　流态与雷诺数关系实验

（四）实验步骤

（1）层流时速度分布观察：在玻璃管中的水静止时，打开墨水针阀，使针头附近水层染色，停加墨水，打开排水阀，让水保持层流下流动，可观察到被染色的水成抛物线分布。

（2）观察各种流动形态、测定雷诺数：打开进水阀，保持少量溢流，稳定后调节水阀，同时注入墨水，使颜色水流成直线。通过颜色水质点的运动观察管内水流的层流流态，然后逐步开大调节阀，通过颜色水流的变化观察层流到湍流的水流特征。拍照记录。

四、实验结果及分析

针对实验条件的改变，对所看到的管内颜色水体的变化进行描述和解说。

五、思考题

流体流过圆管，在条件相同的情况下，流动阻力随 Re 的增加将如何变化？

表 8－1 实验记录表

序号	水温 t/℃	黏性系数 μ/（cm^2/s）	d	实际流量 Q/（cm^3/s）	墨水线形状	流速 u/（cm/s）	雷诺数 Re	流态
1								
2								
3								
4								

参考：关于水流体运动黏度的计算。

有关常数为：管径 $d=1.4\text{cm}$，水温 $t=12.5℃$，运动黏度系数 υ 可以用以下经验公式求得：

$$\upsilon=\frac{0.01775}{1+0.0337t+0.000221t^2}=0.01219\ \text{cm}^2/\text{s}$$

实验九

流体静力学基本方程式（流速量测）

一、实验目的

（1）学会工程计算中的流速与流量的简单计算。

（2）进一步理解流体特征和质量守恒原理在流体流动过程中的应用。

二、实验原理

流速量测是对流体质点运动速度的数值大小及方向的测定。在稳流中，一般进行时均流速的量测；而在非稳流中，则要量测流速随时间的变化过程。

严格来说，描述流体的流动要进行三维流速量测。但由于不少实验可忽略某一方向的流速，简化为二维的流速量测，因此工程计算中，在管道流中可简化为一维流速量测。

管道流中流速量测方法常是在空间某一点测量流体经过此点的速度，大多数流速仪均采用此种方法。这类流速仪种类繁多，有直接利用流动能的，如毕托管、毕托柱、旋桨式流速仪、应变式流速仪等；有利用电磁感应原理的电磁测速仪；有利用热传导原理的，如热丝流速仪、热膜流速仪等；有利用其他与流速相关的物理效应的，如激光流速仪、超声波测速仪等。

三、实验内容

实验由实验者（或小组成员）自主制定和实施。

（1）计算：自来水管的内直径是2cm，如果水压力在0.5MPa时，管内水的平均流速约为0.75m/s。一位同学去水池洗手，走时忘记关掉水龙头，2分钟浪费多少升水？

（2）实测宿舍水龙头的最大流速（可选择测量计算一个水龙头，也可测量计算两个水龙头）。

四、实验结果及分析

自主实验过程中误差较大，数据要取平均值；要对误差产生的原因进行分析。

五、思考题

自来水管出口接上淋浴花洒，这时，花洒每个小孔的流速如何变化？流量如何变化？

表9-1　实验记录表

实验环境：室温　　日期：________　　实验组：________

记录项目	1	2	3	平均值	备注

（续上表）

记录项目	1	2	3	平均值	备注

实验十

传热实验和能量转化效率计算

一、实验目的

（1）了解传热过程能量转换的守恒和效率计算。

（2）学习实际传热过程的效率分析。

（3）学习应用传热学的概念和原理去分析和强化传热过程并进行实验。

二、实验原理

根据传热速率方程 $Q = K \times A \times \Delta t_m$，只要测得传热速率 Q、冷热流体进出口温度和换热面积 A，即可算出传热系数 K。在该实验中，利用加热空气和自来水通过列管式换热器来测定 K，只要测出空气的进出口温度、自来水进出口温度以及水和空气的流量即可。

在工作过程中，如不考虑热量损失，则加热空气释放出的热量 Q_1 与自来水得到的热量 Q_2 应该相等，但实际上因热损失的存在，因此两种热量不等，实验中以 Q_2 为基准。

对于电热转换的过程，如果按照理想的无损耗的过程计算，则实验过程与理想过程的计算结果存在差异，但可以利用所学知识进行分析。

三、实验内容

（一）电水壶加热过程的传热计算

1. 实验用具

秒表、温度计、电水壶。

2. 实验过程

根据具体电水壶发热元件的功率（kW）和容量，确定实验被加热的水量（L），然后将容器里的水从室温（实验当天的温度）加热到100℃。

（1）实验计时，需要多少时间。

（2）试计算理论上需要多少时间。

（3）讨论导致产生实际时间与理论时间的差异的原因。

3. 实验步骤

（1）观察电水壶铭牌额定功率 P（W），容积 V（L）；请参照表10－1制作所选用电水壶（如图10－1）的参数表。

表10－1　电水壶参数表

××牌电水壶	
额定电压	220V
额定功率	×××W
容积	××L

图10－1　电水壶

（2）电水壶中盛满水，用温度计测出水的初温 T（℃）。

（3）用秒表计时，记录电水壶装一定量的水被加热到100℃所需要的时间 t(s)；理论上需要多少时间（假设所有电能都转化为水的热能）。

以电水壶中水所占的体积为衡算系统，为封闭系统。

水的比热容是4 180J/(kg·℃)。

（4）写出实验过程，根据实验测量出的数据，写出电水壶烧水过程中能量转化效率的数学表达式。

（5）根据测量数据及表达式，讨论影响电水壶烧水过程中能量转化效率的因素。

（二）列管式换热器传热计算

1. 实验设备

实验装置由列管式换热器、风机、空气电加热器、管路、转子流量计、温度计等组成。空气走管程，水走壳程。列管式换热器的传热面积由管径、管数和管长进行计算。实验流程图如图10－2所示。

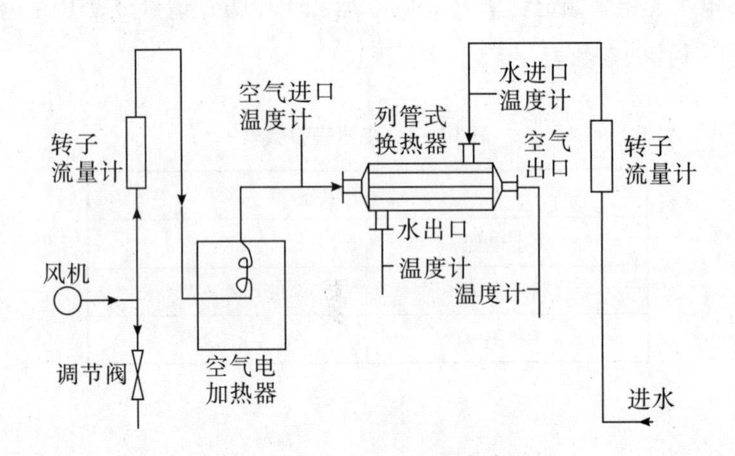

图10－2　传热系数测定实验流程图

2. 实验基本操作要领

（1）熟悉实验流程，掌握实验装置中各设备的阀门、转子流量计和温度计的作用。

（2）实验开始时，先开水路，再开气路，最后开加热器。

（3）控制所需的气体的流量。

（4）待系统稳定后，记录水的流量、进出口温度，记录空气的流量和进出口温度，记录设备的有关参数，并重复一次。

（5）保持空气的流量不变，改变自来水的流量，重复第（4）步。

（6）保持第（4）步水的流量，改变空气的流量，重复第（4）步。

（7）实验结束后，关闭加热器、风机和自来水阀门。

3. 实验数据记录和整理

（1）设备参数和有关常数［对应的换热流体、流向（对流/逆流还是错流）、换热面积等］选取。

（2）实验记录和数据处理可参考表10－2和表10－3。

表10－2 数据记录

序号	风机出口压强/（米·水柱）	空气流量读数/（m^3/h）	空气进口温度/℃	空气出口温度/℃	水流量/（L/h）	水进口温度/℃	水出口温度/℃
1	1.6	16	110	29.2	80	18.9	21.9
2							

表10－3 数据处理

序号	空气流量/（m^3/s）	水流量/（kg/s）	水的算术平均温度/℃	水的比热容/［J/（kg·℃）］	传热速率/（J/s）	对数平均温度/℃	换热面积/m^2	传热系数/［W/（m^2·K）］	K平均值/［W/（m^2·K）］
1	0.004 4	0.022 2	20.40	4 183	278.587 8	36.248 4	0.4	19.213 8	
2									

4. 实验结果及讨论

求出换热器在不同操作条件下的传热系数。

计算数据如表10－2所示，以第一次记录数据为例，计算如下：

空气流量：$V_{气}=16/3\ 600=0.004\ 4m^3/s$

水流量：$W_{水}=(80\times10^{-3}\times1\ 000)/36\ 000=0.022\ 2kg/s$

水的算术平均温度：$T=(t_1+t_2)/2=(18.9+21.9)/2=20.40℃$

查表得，此温度下水的比热容：$C_p=4\ 183J/(kg\cdot℃)$

传热速率 $Q=W_{水}\cdot C_p\cdot(t_2-t_1)=0.022\ 2\times4\ 183\times(21.9-18.9)=278.587\ 8J/s$

对数平均温度 $\Delta t_m=[(T_{气进}-T_{水出})-(T_{气出}-T_{水进})]/\ln[(T_{气进}-T_{水出})/(T_{气出}-T_{水进})]$

$=[(110-21.9)-(29.2-18.9)]/\ln[(110-21.9)/(29.2-18.9)]$

$=36.248\ 4℃$

$$P=\frac{t_2-t_1}{T_{气进}-t_1}=\frac{21.9-18.9}{110-18.9}=0.032\ 9$$

$$R=\frac{T_{气进}-T_{气出}}{t_2-t_1}=\frac{110-29.2}{21.9-18.9}=26.933\ 3$$

查图得校正系数 $\psi_{\Delta t}=1.0$

$\therefore \Delta t_m=\psi_{\Delta_t}\cdot\Delta t_{m逆}=1.0\times36.248\ 4=36.248\ 4K$

传热系数　$K=\frac{Q}{A\cdot\Delta t_m}=\frac{278.587\ 8}{0.4\times36.248\ 4}=19.213\ 8W/(m^2\cdot K)$

按照实验步骤（4）要求，重复记录一次相关参数数据，再次计算 K 值，然后将两次的 K 值取平均值，得到 K 平均值。

四、思考题

（1）针对该系统，如何强化传热过程才能更有效，为什么？

（2）逆流换热和并流换热有什么区别？你能用实验加以验证吗？

实验十一

不可压缩流体能量方程（伯努利方程）实验

一、实验目的

（1）掌握流速、流量、压强等动水力学水力要素的实验测量技术。

（2）验证流体定常流的能量方程。

（3）通过对管嘴淹没出流点流速及流速系数的测量，掌握用毕托管测量流速的技能。

二、实验原理

在实验管路中沿水流方向取 n 个过水截面，可以列出进口截面 1 至截面 i 的能量方程式：

$$Z_1+\frac{p_1}{\rho g}+\frac{v_1^2}{2g}=Z_i+\frac{p_i}{\rho g}+\frac{v_i^2}{2g}+h_{w_{1-i}}\quad (i=2,\ 3,\ \cdots,\ n)$$

选好基准面，从已设置的各截面的测压管中读出（$Z+p/\rho g$）值，测出通过管路的流量，即可计算出截面平均流速 v 及动压（$v^2/2g$），从而可得到各截面测管水头和总水头。

三、实验内容

实验的装置如图 11－1 所示。

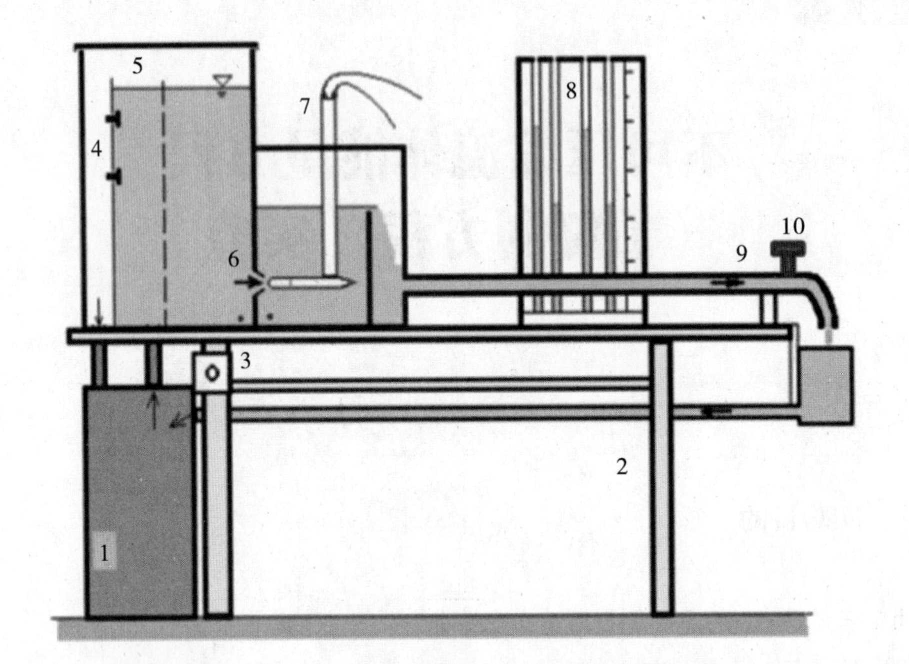

1—自循环供水器；2—实验台；3—调速器；4—水位阀；5—水箱；6—管嘴；7—毕托管；8—测压管；9—回水管；10—实验流量调节阀

图 11－1　自循环伯努利方程实验装置图

（一）实验方法与步骤

熟悉设备，分清各测压管与各测压点、毕托管测点的对应关系。

（1）打开开关供水，使水箱充水，待水箱溢流后，检查泄水阀关闭时所有测压管水面是否齐平，若不平则进行排气调平（开关几次）。

（2）打开阀 10，观察当流量增加或减少时测压管水头的变化情况。

（3）调节阀 10 开度，待流量稳定后，测记各测压管液面读数，同时测记实验流量（与毕托管相连通的是作为演示用，不必测记读数）。

（4）再调节阀 10 开度 1～2 次，其中一次阀门开度大到使液面降到标尺最低点为限，然后参照步骤（3）重复测量。

说明：经淹没管嘴 6，将高低水箱水位差的位能转换成动能，并用毕托管测出其点流速值。测压管 8 从左向右第 1、2 根（实验时看设备的表示）用以测量高、低水箱位置水头，第 3、4 根用以测量毕托管的全压水头和静压水头。水位调节阀 4 用以改变测点的流速大小。

（二）实验结果及要求

（1）把有关常数记入表 11－1。

（2）测量（$Z+p/\rho g$）并记入表 11－2。

（3）计算流速水头和总水头并记入表 11－4。

实验者需自行制作实验记录表，可参考以下各表。

表 11－1　有关常数记录表

水箱液面高程 ∇_0 ________cm，上管道轴线高程 ∇_z ________cm

测点编号											
管径/cm											
两点间距/cm											

表 11－2　测记（$Z+p/\rho g$）数值表（基准面选在标尺的零点）

测点编号		1	2	3	4	$Q/(cm^3/s)$
实验次数	1					
	2					
	3					

表 11－3 计算数值表

管径	$Q/(cm^3/s)$			$Q/(cm^3/s)$			$Q/(cm^3/s)$		
d/cm	$A/(cm^2)$	$V/(cm/s)$	$v^2/2g/cm$	A/cm^2	$V/(cm/s)$	$v^2/2g/cm$	A/cm^2	$V/(cm/s)$	$v^2/2g/cm$

表 11－4 流速水头、总水头 $[(Z+p/\rho g)+v^2/2g]$

测点编号		1	2	3	4	Q (cm^3/s)
实验次数	1					
	2					
	3					

四、思考及讨论

（1）测压管水头线和总水头线的变化趋势有何不同？为什么？

（2）流量增加，测压管水头线有何变化？为什么？

（3）测压管水头和总水头有不同吗？为什么？

（4）流速水头是指什么？

实验十二

玻璃微流控芯片加工或制作纸芯片

一、实验目的

（1）了解芯片制作的原理和基本方法。

（2）了解材料表面化学的应用。

二、实验原理

玻璃微流控芯片采用光刻和湿刻技术加工而成。加工过程如下：

（1）在光刻掩模上制备所需的微流控芯片的设计图形。将光刻掩模覆盖在基片上，用光刻机光源发出的紫外光透过光刻掩模照射涂有光胶的基片，光胶发生光化学反应。

（2）用光胶配套显影液通过显影的化学方法除去经曝光的光胶（正光胶）或未经曝光的光胶（负光胶）。烘干后，光刻掩模上的二维几何图形已精确地复制到光胶层上。

（3）用去铬液将玻璃基片上的铬保护层去除。

（4）将去铬后的玻璃基片用氟化氢刻蚀液在玻璃上刻出一定深度和宽度的通道。

（5）基片与盖片封接。

上述过程如图 12－1 所示。

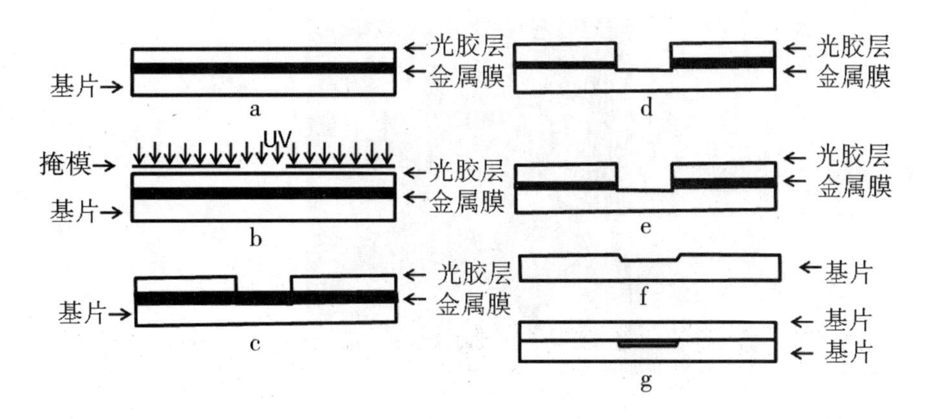

图 12-1 玻璃芯片加工过程示意图

三、实验内容

(一) 试剂与材料

刻蚀液：由体积比为 1∶0.5∶0.5 的 2mol/LHF∶2mol/LNH_4F∶2mol/LHNO_3混合而成；显影液：0.5% NaOH 水溶液（*w/v*）；去铬液：将 100g 硝酸铈铵和 25.8mL 高氯酸（70%）溶于 440mL 的去离子水中；去离子水；匀胶铬板（长沙韶光铬板有限公司，型号 SG2506，铬型 LRC，厚 145nm，光胶类别 S-1805，厚 570nm）；抛光片（长沙韶光铬板有限公司）：63mm×63mm，与匀胶铬板相同材质的玻璃抛光片。

(二) 仪器与设备

光刻机（JKG-2A 型，上海光学机械厂）、真空干燥箱（DFZ-6020 型，上海精密实验设备有限公司）、恒温水浴振荡器（THZ-82，常州国华电器有限公司）、钻床（Z403，杭州西湖台钻厂）、箱式电阻炉（SX_2-4-10，含 XMC5400 程序温度控制器，沈阳电炉厂）、普通吹风机。

(三) 实验步骤

1. 掩模制作

利用 CorelDRAW 软件绘制如图 12-2 所示掩模图形，掩模通道尺寸为 90μm。掩模大小为63mm×63mm。采用高分辨率的激光照排机，在 PET 胶片上制得光刻掩模。

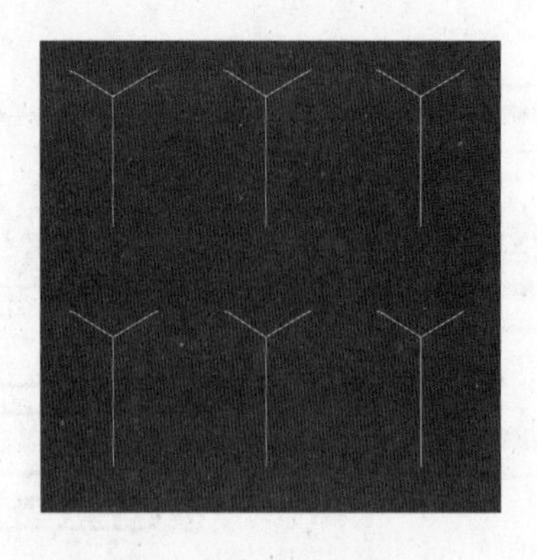

图 12－2　掩模图形

需要注意的是：在裁剪掩模和转移过程中，不要用尖锐硬物摩擦掩模亚光面，以免磨损掩模造成漏光，影响光刻效果；不可用手指直接触摸掩模的图形区域；掩模一般用塑料薄膜或自封袋保存（此步骤由实验指导教师完成）。

2. 光刻曝光

开启光刻机，使汞灯预热 15 分钟。待光刻机光源稳定后，开始曝光操作。从暗盒中取出铬板，观察表面有无水雾或灰尘颗粒，若有，用吹风机冷风挡或洗耳球吹净（注意：拿取铬板时，严禁触碰其光胶层）。将掩模对准铬板，使掩模亚光面与铬板光胶层贴紧并用铁夹固定（注意：铁夹不能遮住通道图形）。有条件的情况下，可在掩模上方覆盖同样大小的石英片后再用铁夹固定，保证掩模紧贴铬板，不会由于空隙而造成光的折射或发散，导致曝光不足或通道变形（注意：对准时，掩模与铬板之间不能来回摩擦移动，以防止磨损光胶层，影响光刻效果）。将铬板放置在光刻机下方曝光。曝光时间根据光源强度确定，一般为 45 秒。实验时，为了防止光刻机光源的光强度分布不匀，可曝光23 秒后将铬板旋转 180°，再曝光 22 秒。

3. 显影

曝光后，松开铁夹，分离掩模和铬板。将铬板光胶面朝上，放入 0.5% NaOH 显影液中，轻轻晃动，几秒钟后即可见掩模中的图案，显影 40 秒以后完全去除已曝光部分的光胶。用塑料镊子取出铬板，注意不要碰到图案区。在水流下冲洗 1 分钟，定影。用吹风机吹干水分后，把铬板光胶层朝上放入烘箱中，110℃下烘 15 分钟，固化剩余光胶。

4. 除铬

取出铬板，放置冷却。待冷却至室温后将其光胶面朝上，放入去铬液中，轻轻晃动 40 秒，除去裸露的铬层后，取出用自来水冲洗，用吹风机吹干，即得到有透明通道图形的玻璃基片。

5. **刻蚀**

在基片背面以及边缘贴上胶带纸作为保护层。若观察到除通道外有漏光点（铬层被磨损），也可用胶带纸保护。

将刻蚀液倒入有盖的小塑料盒内，放入40℃恒温水浴振荡器中，预热5分钟后，将基片通道面朝上，浸入塑料盒内的刻蚀液中，在缓慢摇动条件下进行刻蚀。通过控制刻蚀时间（本实验为25分钟）以控制通道的深度。在上述条件下，通常刻蚀速度约为1.2μm/min。刻蚀完成后，刻蚀液回收入塑料瓶中，视其效果可多次使用。基片用自来水冲洗后除去胶带纸。

安全注意事项：湿法刻蚀需要在通风橱内进行，并佩戴保护眼镜和塑胶手套。

6. **芯片切割与钻孔**

刻蚀好的基片除去胶带，再用蘸有无水乙醇的脱脂棉去除胶带残余物。依芯片大小用玻璃刀切割（注意：切割时通道面朝下），同时，根据基片大小切割盖片。用细砂纸轻轻打磨切割面的边缘，去除玻璃尖刺和碎屑。

在基片上通道的进出口处，用金刚砂钻头打孔。钻孔时用水冲洗冷却。

安全注意事项：钻孔过程中需佩戴保护眼镜。

7. **低温预键合**

用蘸有丙酮的脱脂棉擦洗基片后，放入去铬液中去除剩余的铬层。基片和盖片依次用洗洁精清洗（5～10分钟）、自来水冲洗（5～10分钟）后，在自来水的水流下将两片贴合。用吹风机吹干芯片表面水滴后，放置在80℃的加热块上加热。观察有无衍射条纹，若有则需将芯片浸入水中打开，重新清洗，封合芯片，再80℃加热1小时。

8. **高温键合**

完成低温预键合后的芯片，放入高温炉，540℃～550℃高温封接。常用的升温程序如表12－1所示。

表12－1 常用升温程序

段点编号	温度/℃	时间/min
0	50	1
1	100	11
2	100	71
3	540	171
4	540	291
5	550	391
6	550	0（程序结束标志）

此外，也可以在普通马弗炉中分段升温，实现芯片的封接。封接好的芯片如图12－3所示。芯片尺寸为20mm×30mm，通道刻蚀深度。

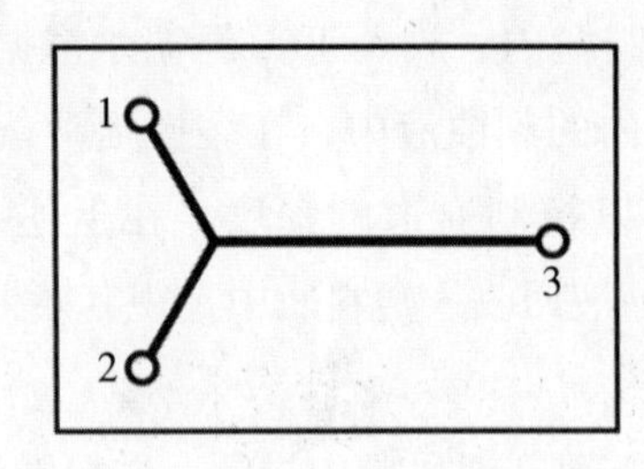

图12－3　芯片构型

9. 纸芯片的制作

取滤纸一枚，浸泡在疏水性溶剂（十六烷基三甲氧基硅烷）中，室温下1~3小时；取出晾干后，将金属质的图案模板放置于滤纸上面，置于紫外灯下照射，或者直接对金属模板用电熨斗加热数分钟；取下模板；完成纸芯片基板的图案化制作。

四、实验结果及讨论

显微镜拍摄芯片的图案；封装好的芯片可试着用注射剂注入有颜色的水，观察通道中的流动是否畅通。对图案化后的纸芯片表面滴入水滴，观察其表面是否有亲水和疏水图案的分界线。

五、思考题

（1）制作芯片的基板的表面粗糙度对芯片制作有什么影响？

（2）紫外光照射和加热的目的是什么？

实验十三

水热法合成发光晶体 Eu^{3+}–萘二酸配合物

一、实验目的

（1）了解金属有机配合物的水热合成过程及表征方法。

（2）掌握研钵研磨法制备粉体材料的方法。

（3）了解稀土 Eu^{3+} 荧光光谱。

二、实验原理

金属—有机配合物通常是指以金属离子或金属簇为节点，以有机配体为联络体，利用金属离子的配位几何构型与有机配体的配位能力，通过自组装而形成的具有周期性结构的一类配合物。这类配合物有时也被称为金属—有机框架材料或无机—有机杂化材料。在配合物中，有机配体和金属离子或金属簇之间的相互排列具有一定的指向性，可以形成各式各样、精彩纷呈的零维、一维、二维和三维网络结构的功能配合物，表现出多种多样的结构形式和独特的光、电、磁等性质。本实验利用稀土金属硝酸铕与2,6–萘二酸有机配体，在水热合成法条件下，铕离子与有机配体羧酸根中的氧形成配位键，由于稀土的多配位数和配体分子上具有多个配位原子，最终桥连形成三维网络框架，如图 13–1 所示。

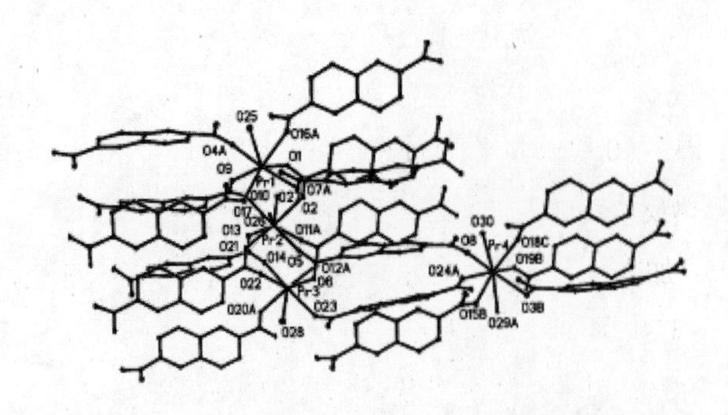

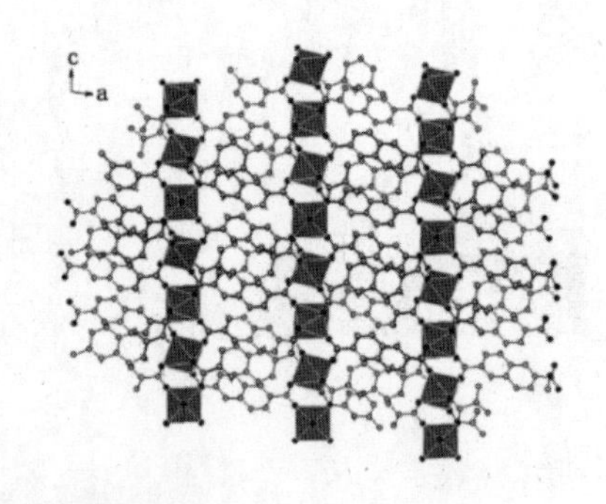

图 13－1　Eu^{3+}与萘二酸配位方式（左）及三维框架结构图（右）

水热合成法是指温度为100℃～1 000℃、压力为1MPa～1GPa条件下利用水溶液中物质化学反应所进行合成的方法。在亚临界和超临界水热条件下，由于反应处于分子水平，反应活性提高，因而水热反应可以替代某些高温固相反应。又由于水热反应的均相成核及非均相成核机理与固相反应的扩散机制不同，因此可以创造出其他方法无法制备的新化合物和新材料。

水热合成法的主要特点有：

（1）在水溶液中离子混合均匀。

（2）水随温度升高和压力增大变成一种气态矿化剂，具有非常大的解聚能力。水热物系在有一定矿化剂存在下，化学反应速度快，能制备出多组分或单一组分的超微结晶粉末。

（3）离子能够比较容易地按照化学计量反应，晶粒按其结晶习性生长，在结晶过程中，可把有害杂质自行排到溶液当中，生成纯度较高的结晶粉末。

三、实验内容（Eu^{3+}－萘二酸配合物的合成）

（一）实验用具

水热反应釜、烘箱、XRD粉末衍射仪、电子天平。

（二）实验药品

硝酸铕、2,6－萘二酸、蒸馏水、氢氧化钠。

（三）实验步骤

（1）用电子天平称取2,6-萘二酸0.13g（0.4mmol）溶解于30mL蒸馏水中，用氢氧化钠调节pH值至5~6，装入100mL水热反应釜中。

（2）用电子天平称取硝酸铕0.4mmol，加入上述反应釜中，搅拌均匀。

（3）装好反应釜，放入烘箱中，设置温度160℃，恒温三天（一定要保持在没有震动的环境下反应），自然冷却至室温，在显微镜下观察晶体形状，拍照记录，产物过滤，烘干称重，计算产率。

（4）用XRD粉末衍射仪分析上述合成的样品，并与标准样品的粉末衍射图谱进行对比分析。

四、实验结果与分析

XRD粉末衍射数据图谱分析。

五、思考题

（1）为什么用水热反应方法来合成？

（2）金属有机框架材料的单晶生长影响因素有哪些？

（3）金属有机框架材料的单晶生长方法主要有哪些？

实验十四

配合物发光晶体检测超微量重金属实验（Eu^{3+}－萘二酸配合物选择性检测甲醛分子）

一、实验目的

（1）了解稀土 Eu^{3+} 荧光光谱。

（2）掌握荧光分光光度计的使用及利用发光材料检测小分子的方法。

二、实验原理

由于优越的光物理和光化学特性，很多金属配合物长期以来被用于生物传感器、生物探针和医学诊断以及极微量有害分子检测等领域，被称为分子探针。

稀土离子具有丰富 f 电子能级，其 f^*-f 跃迁为尖锐的线状光谱，而且具有荧光寿命长、发射峰窄、Stokes 位移大等特点。但稀土离子 $f-f^*$ 属于跃迁禁阻，自由的稀土离子自身吸收系数很低，引入与稀土离子能级相匹配、具有大的吸收系数的有机配体可以将能量传递给稀土离子，有效地增强稀土离子的荧光强度（如图 14－1 所示）。通过加入待测物阻断有机配体把能量传递给稀土离子，从而使稀土离子的荧光淬灭，这是 Eu^{3+}－萘二酸配合物应用于荧光探针的理论依据。

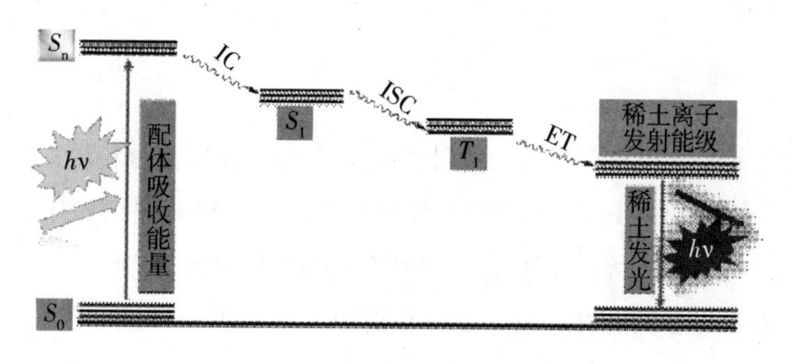

图 14 - 1　配体吸收光子诱导稀土离子发光的能级跃迁示意图

Eu^{3+} - 萘二酸配合物在紫外光照射下会发射稀土 Eu^{3+} 离子的特征红光光谱，当加入甲醛时，会使配合物分解得到萘二酸根离子，分解后的稀土离子不再发光，甲醛分子与萘二酸根离子作用后在453nm 处发射强蓝光，随着甲醛浓度的增加，Eu^{3+} - 萘二酸配合物不断分解，所以 Eu^{3+} 离子红光越来越弱，而453nm 处的蓝光越来越强，且荧光强度（I_{453nm}/I_{616nm}）与甲醛的浓度成正比，如图 14 - 2 所示，而其他溶液不会有此现象产生，所以可以用来定性和定量检测甲醛分子。

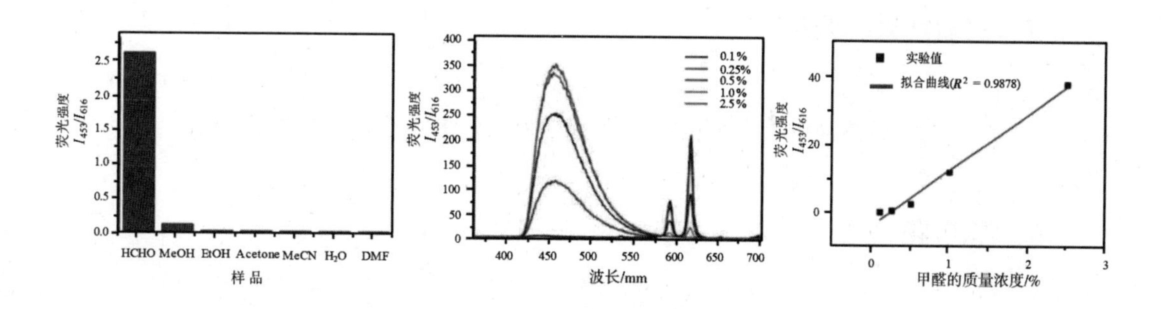

图 14 - 2　选择性检测甲醛分子（左）以及荧光强度与甲醛分子浓度和线性关系（中和右）

三、实验内容

（一）实验用具

玛瑙研钵、超声波清洗机、粉末衍射仪、电子天平、烧杯、移液枪、4mL 离心管、滤纸。

（二）实验药品

Eu^{3+} - 萘二酸配合物、蒸馏水、甲醛、乙醇、乙腈、DMF、甲醇溶液。

（三）实验步骤

（1）用玛瑙研钵研磨 Eu^{3+} – 萘二酸配合物 20 分钟，使其充分粉碎；用电子天平称取研磨后的样品 50mg，加入 10mL 蒸馏水，使用超声波清洗机对配制的样品进行超声分散 2 分钟，使其充分分散，然后一直搅拌，得到 5mg/mL 悬浮液，待用。

（2）准备 6 个 4mL 离心管，用移液枪分别加入 3. 8mL 蒸馏水、甲醛、乙醇、乙腈、DMF、甲醇溶液。

（3）在每个离心管中加入 0. 2mL 的步骤（1）制得的悬浮液。然后放置在紫外可见分光光度计 365nm 光照下观察；记录 6 个离心管中发光的颜色。用荧光分光光度计检测荧光发射光强度的变化。

（4）将步骤（1）制备的 5mg/mL 悬浮液稀释至 0. 25mg/mL，放入 6 张 1cm × 2cm 的滤纸浸泡 10 分钟（搅拌），取出后分别泡在蒸馏水、甲醛、乙醇、乙腈、DMF、甲醇溶液中，10 分钟后取出，于紫外可见分光光度计 365nm 光照下观察滤纸的颜色，拍照。

四、实验结果与分析

将 Eu^{3+} – 萘二酸悬浮液在不同的有机溶剂中发射光谱的变化进行对比分析。

五、思考题

（1）荧光探针检测方法有哪些优缺点?

（2）悬浮液配制的步骤及影响因素有哪些?

实验十五

实用化的燃料电池制作[1]

一、实验目的

学习燃料电池原理。通过实际组装燃料电池，了解燃料电池使用的基本材料，同时了解可再生能源应用背景及新能源产业的发展。

二、燃料电池应用的背景

化石燃料是指从地质时代起在地下堆积的动植物的尸骸，通过长年累月的地压、地热等因素的影响而形成的，在人类的经济活动中作为燃料（石炭、石油、天然气等）而被使用的物品。人类生存需要化石燃料和资源提供能源动力、生活物资等，但是负面的作用就是生态的破坏，环境的污染。

根据 BP 世界能源统计年鉴数据，石化资源的消耗趋势测算如图 15－1、图 15－2 所示。

---

① 本实验参考了日本大同大学燃料电池研究中心编制的实验讲义。

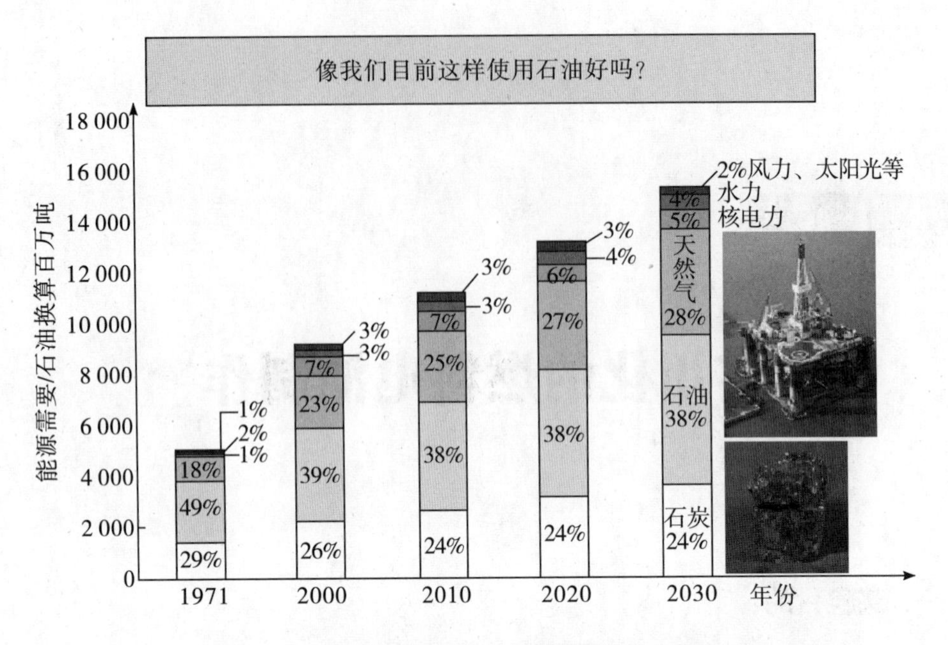

图 15－1　世界的资源区分和能量需要的推移和预见

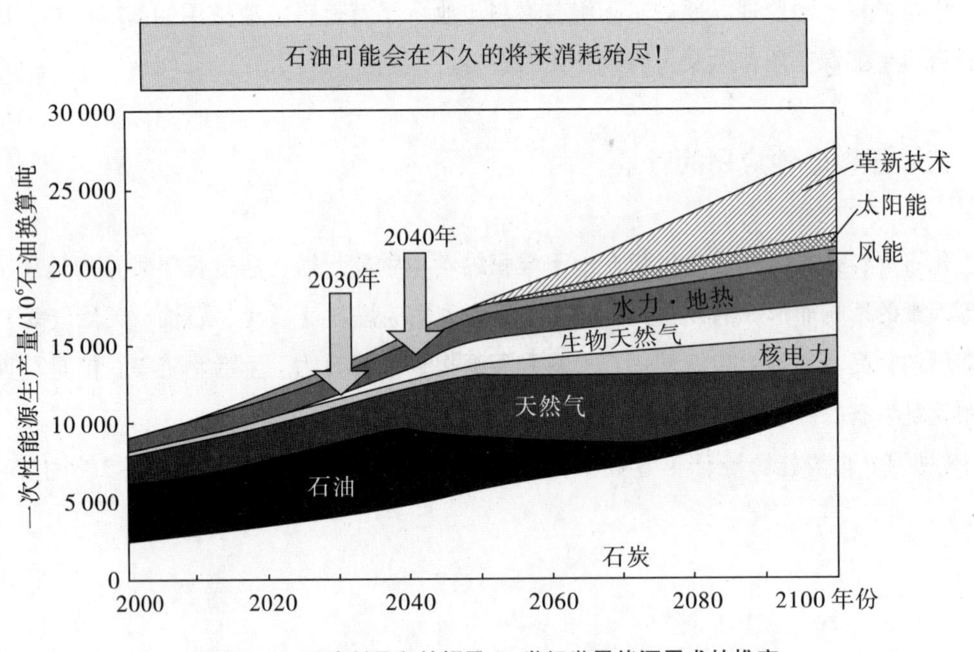

图 15－2　石油制品和枯竭及 21 世纪世界能源需求的推定

目前科研人员正研究、利用多种可再生能源以代替化石燃料，最具代表性的是太阳能的利用，另外，氢能的利用也是今后的一个发展趋势，如图 15－3、图 15－4 所示。

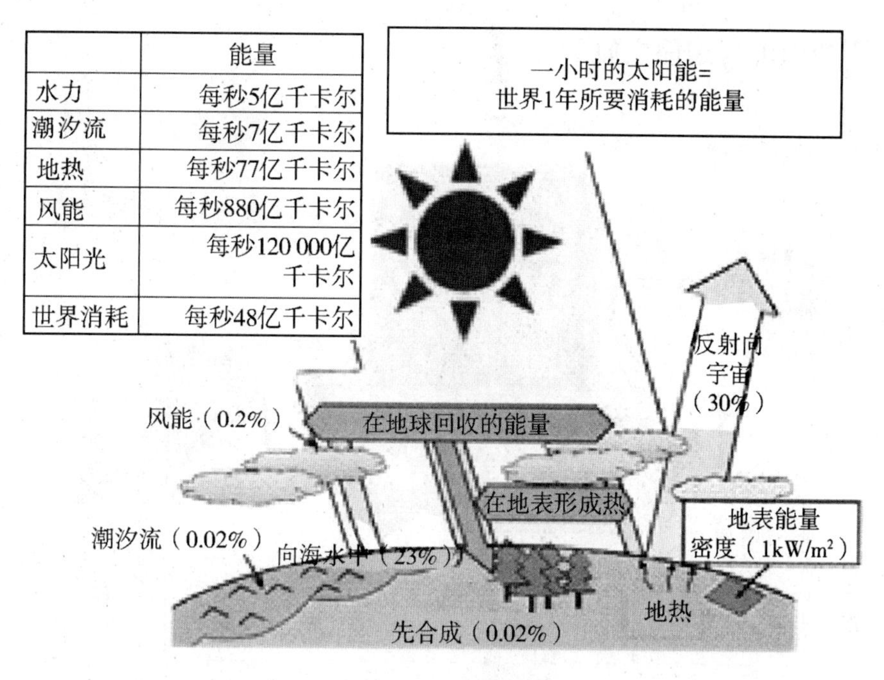

	能量
水力	每秒5亿千卡尔
潮汐流	每秒7亿千卡尔
地热	每秒77亿千卡尔
风能	每秒880亿千卡尔
太阳光	每秒120 000亿千卡尔
世界消耗	每秒48亿千卡尔

图 15－3　太阳能

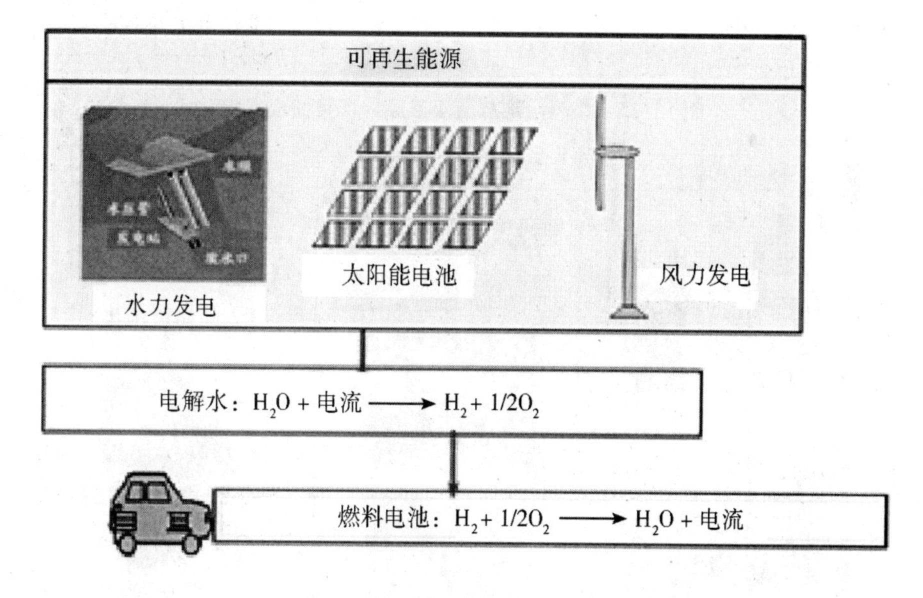

图 15－4　利用可再生能源制造氢气和以氢气为燃料的零排放发电

三、燃料电池的用途及原理

1. 燃料电池的用途

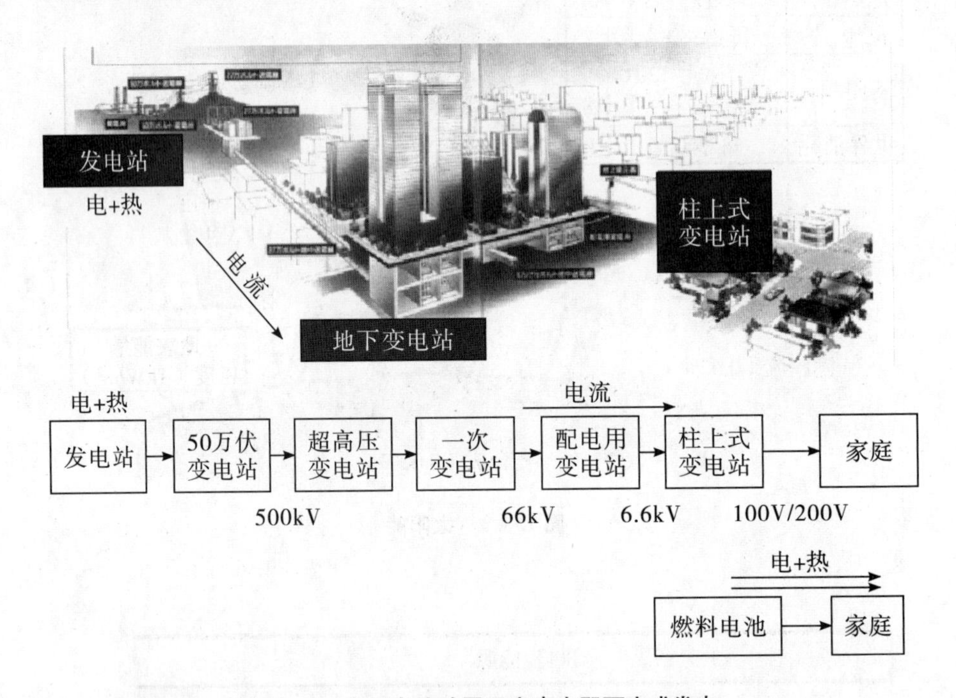

图 15－5　燃料电池放置于家庭中即可完成发电

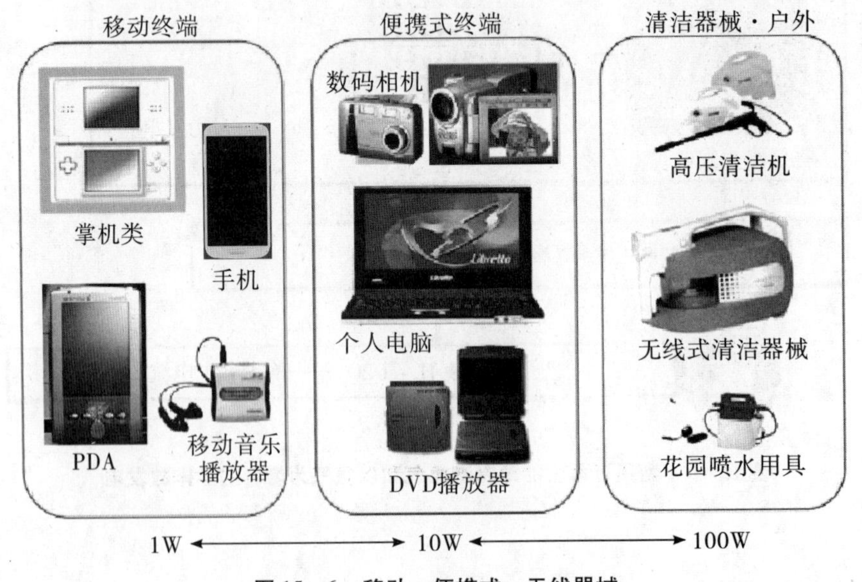

图 15－6　移动、便携式、无线器械

◆ 资源的有效利用

◆ 能源安全性的进步

◆ 经济上的优点

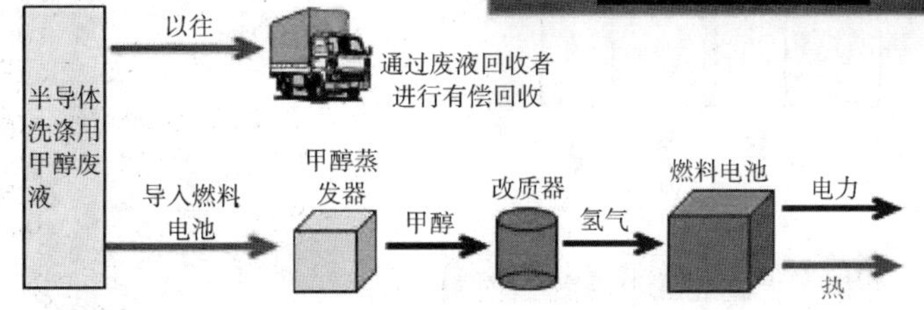

图 15－7　燃料的多样化（甲醇利用）

2. 燃料电池原理

表 15－1　燃料电池的种类

	固体高分子型	磷酸型	熔融碳酸盐型	固体酸化物型
离子传导体	H^+	H^+	CO_3^{2-}	O^{2-}
工作温度/℃	常温～100	170～210	600～700	700～1 000
用途	汽车、移动电话、家庭用	分散式电源		

碳纤维制分离器　　高分子膜和电极的结合体

图 15－8　制作完成的单元的外观

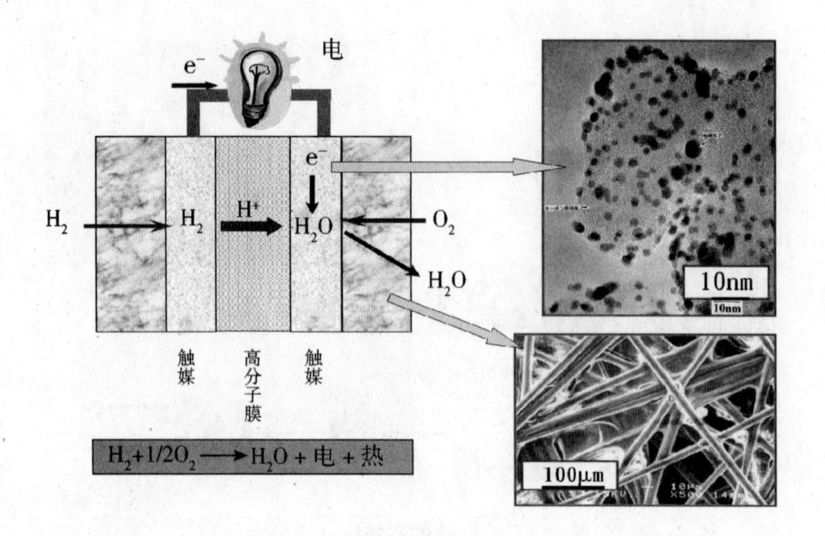

图 15－9　燃料电池的组成

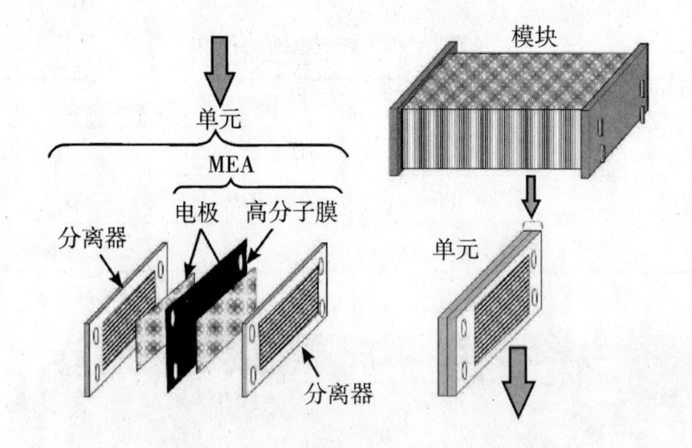

图 15－10　燃料电池模块由数个单元堆积而成

图 15－11　由 50 组单元连接组成的燃料电池

四、实验内容

本实验分以下三个部分，如图 15－12 所示。

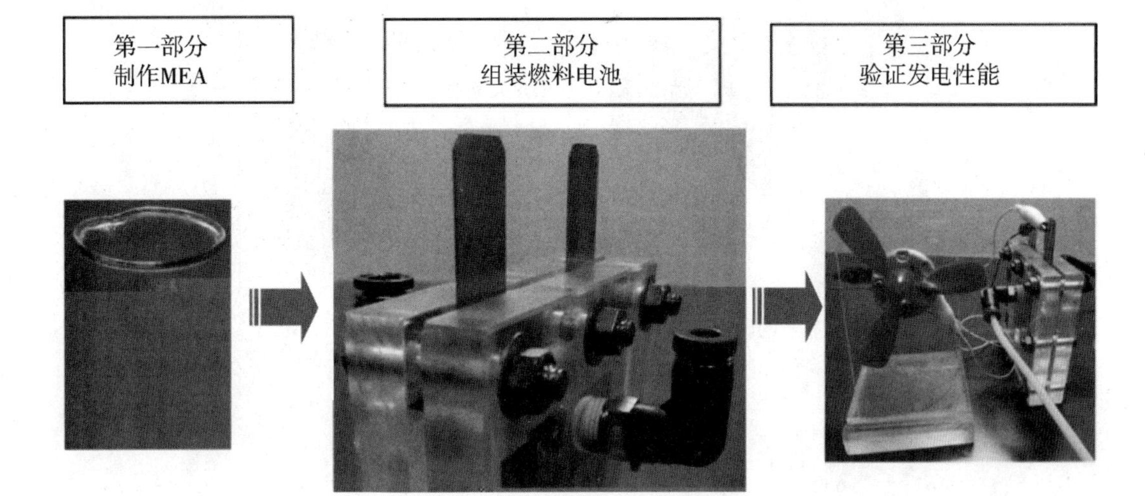

图 15－12　燃料电池制作实验的三个部分

1. 制作 MEA

MEA（Membrane Electrode Assembly），即燃料电池的膜电极组件。

材料与工具：Pt（白金）催化剂粉［为了能在室温下反应，使用 Pt（白金）催化剂］、碳素纤维片、高分子膜电解质、金属板、C 型钳夹、塑料吸管、纸巾等。

制作顺序 1：

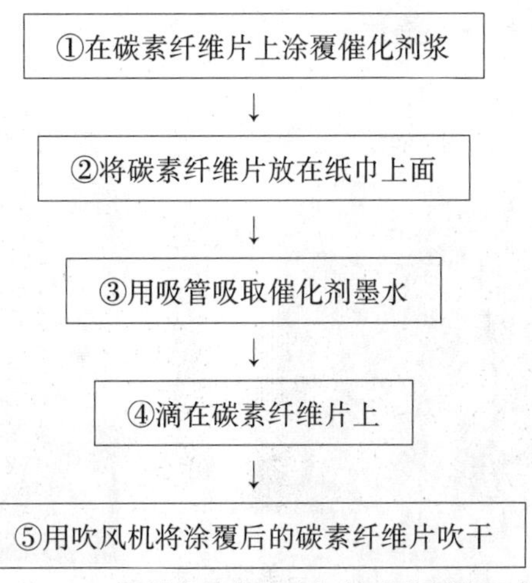

图 15－13　燃料电池的膜电极的碳膜制作顺序

制作顺序2：电解质膜与碳素纤维催化剂片复合，按金属板—隔膜—碳素纤维催化剂片—电解质膜—碳素纤维催化剂片—隔膜—金属板的顺序进行组合，最后用C型钳夹夹好并加热，如图15－14所示。

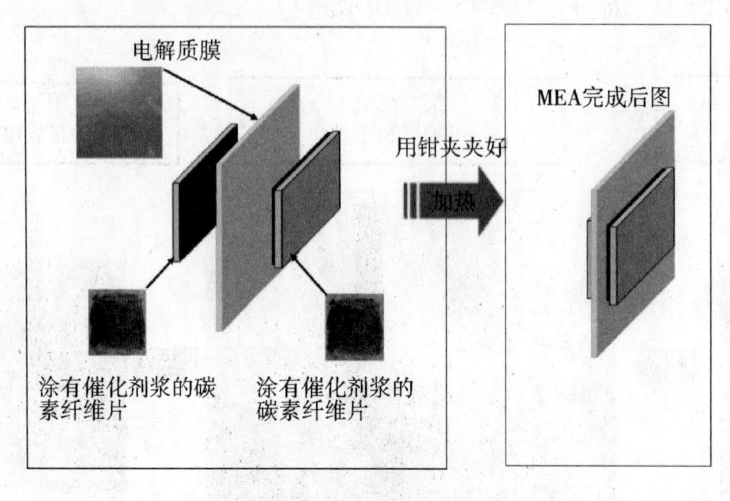

图15－14　燃料电池的膜电极复合组装顺序

2. 组装燃料电池

材料和工具：电池外壳（2枚）、厚隔垫（2枚）、集电板（2枚）、薄隔垫（2枚）、螺栓螺母（8对）、供气口（2个）。

燃料电池整体装配顺序如图15－15所示。

组装步骤①：拆卸螺栓组件

组装步骤②：将螺栓穿过电池座

8个螺栓

一边按住螺丝，一边将分隔板如下图放置

组装步骤③：在电池座上贴上厚的贴纸

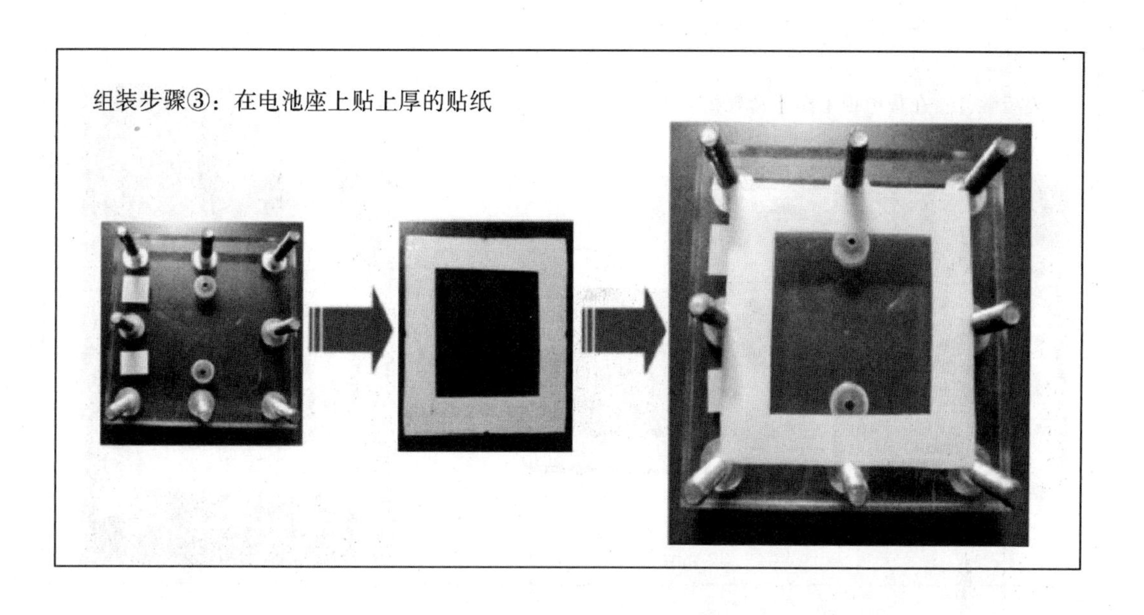

组装步骤④：在厚的贴纸上贴上集电板

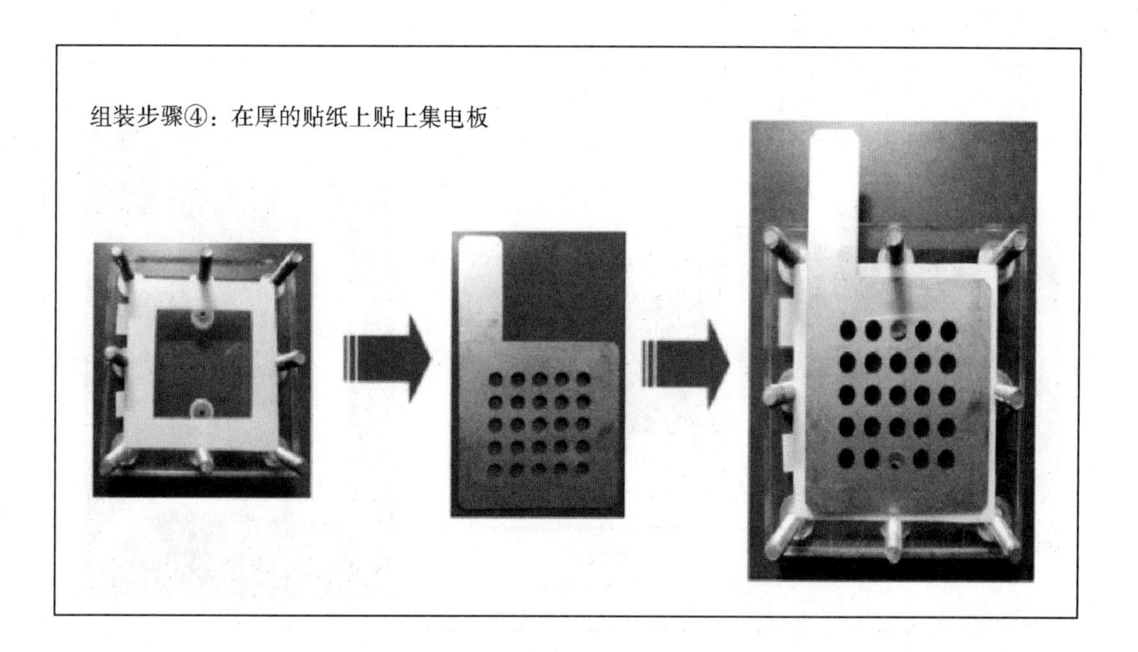

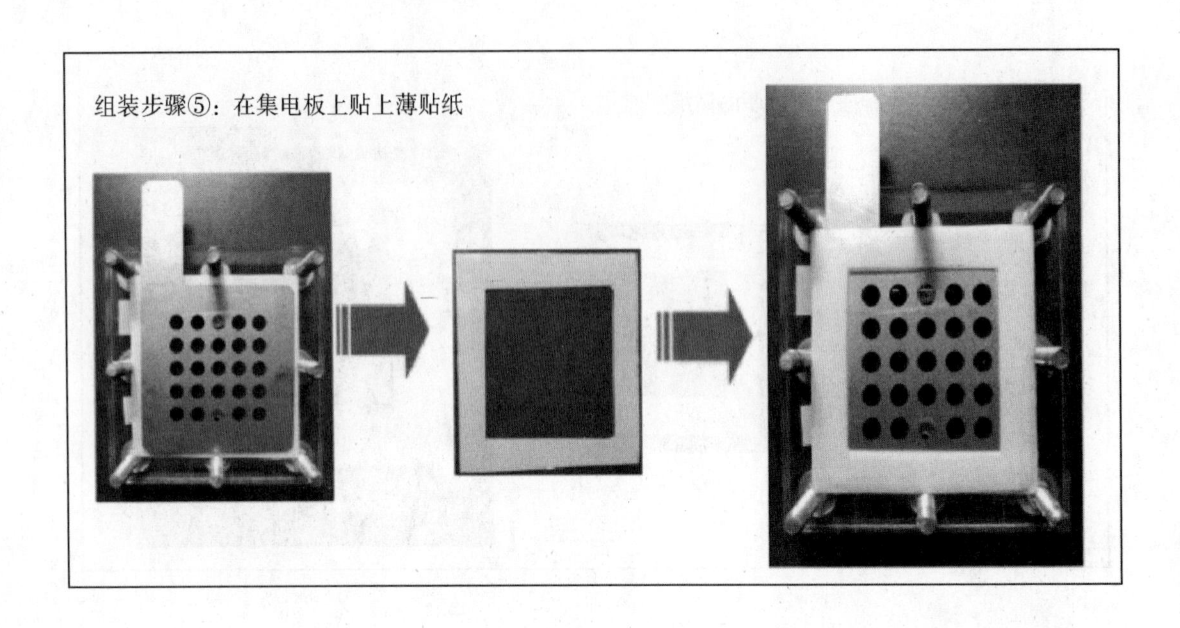
组装步骤⑤：在集电板上贴上薄贴纸

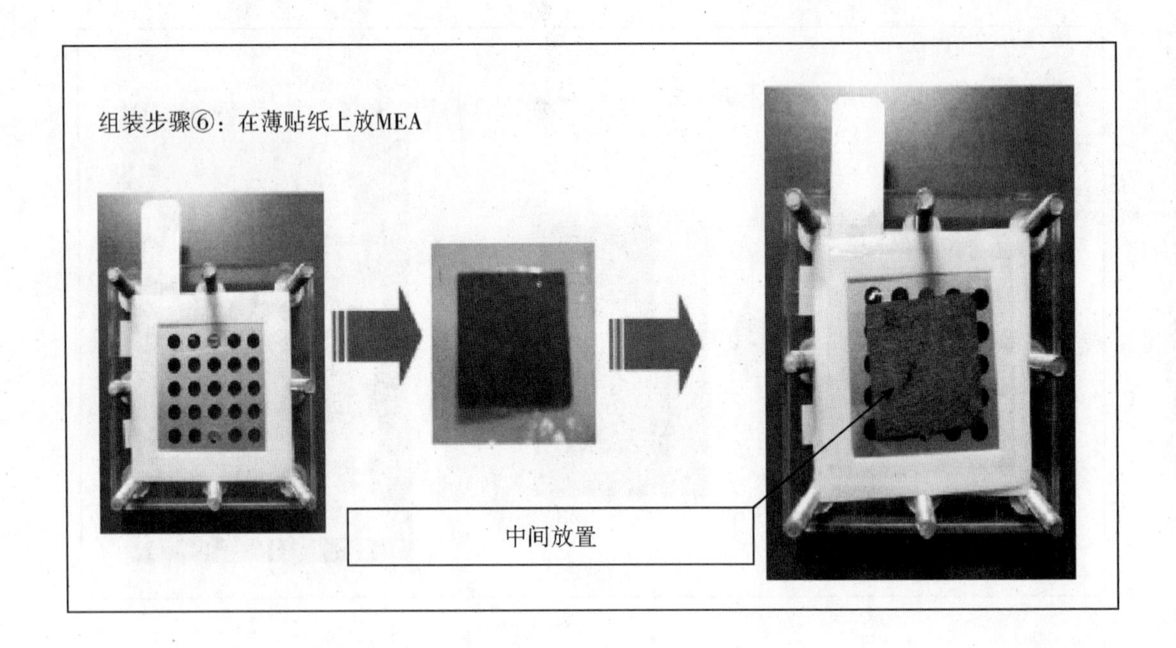
组装步骤⑥：在薄贴纸上放MEA
中间放置

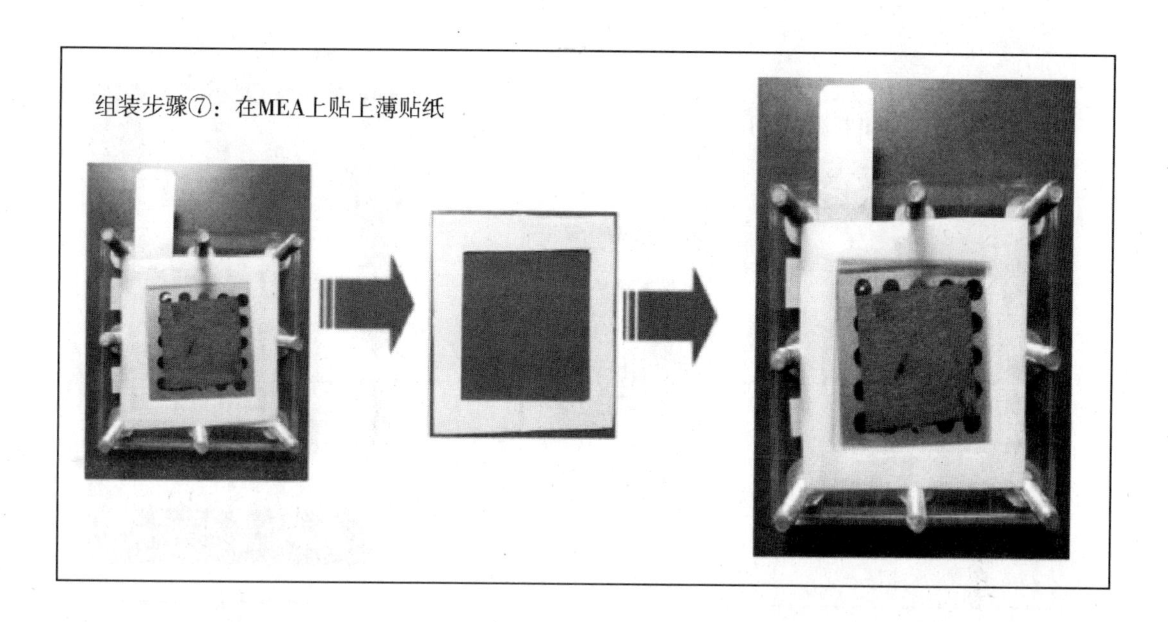

组装步骤⑦：在MEA上贴上薄贴纸

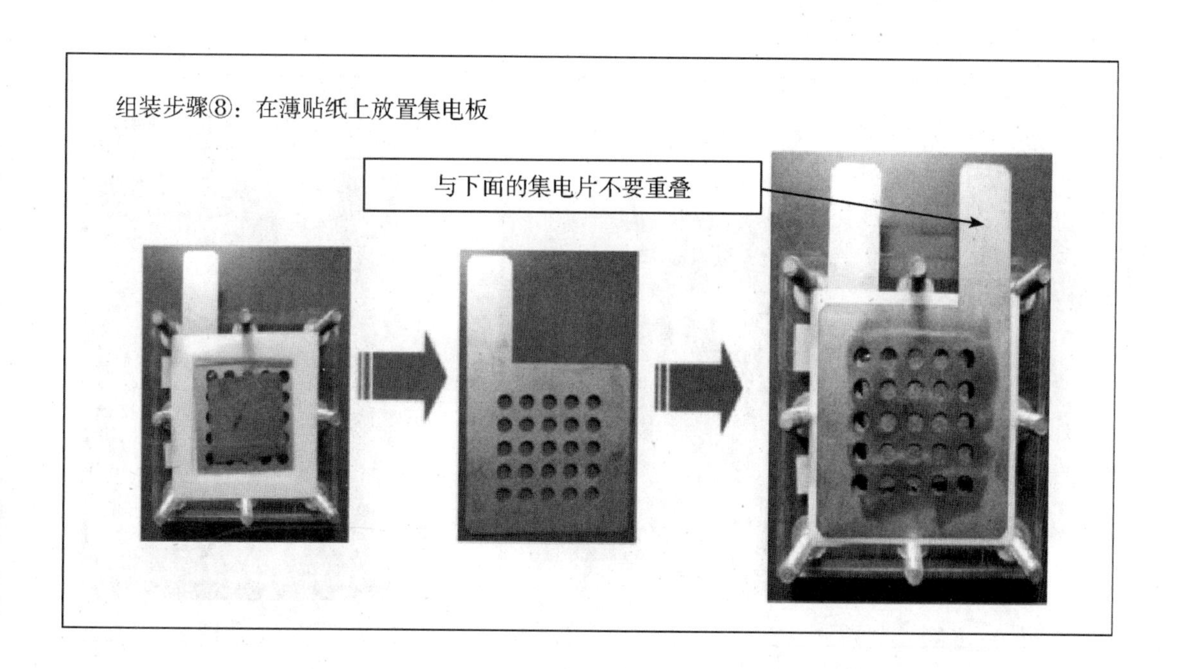

组装步骤⑧：在薄贴纸上放置集电板

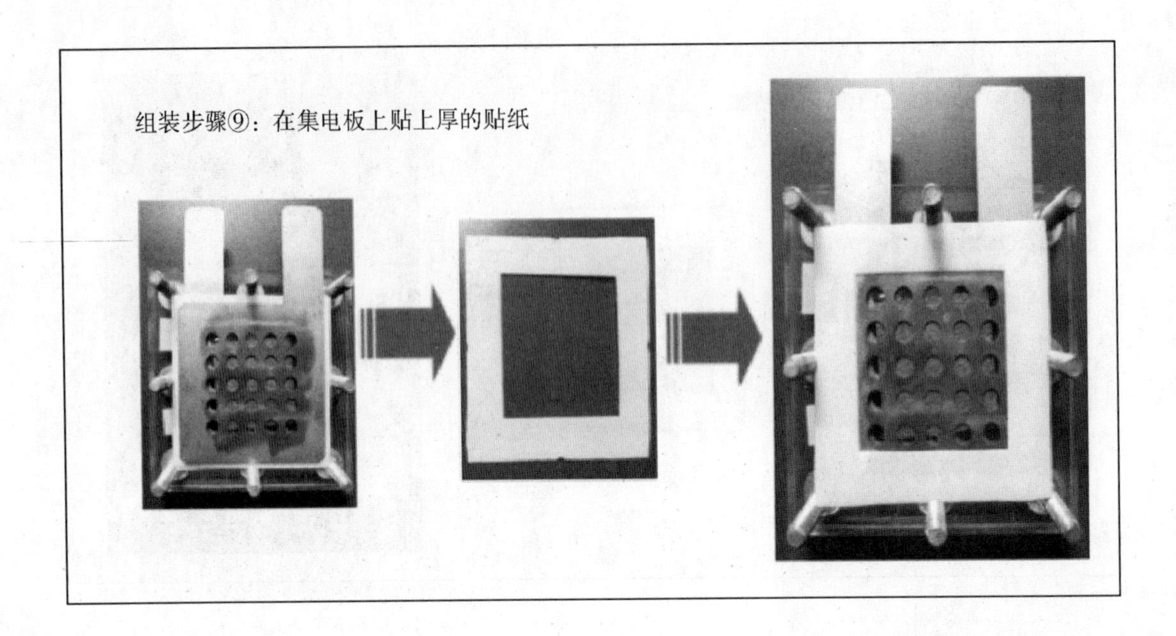
组装步骤⑨：在集电板上贴上厚的贴纸

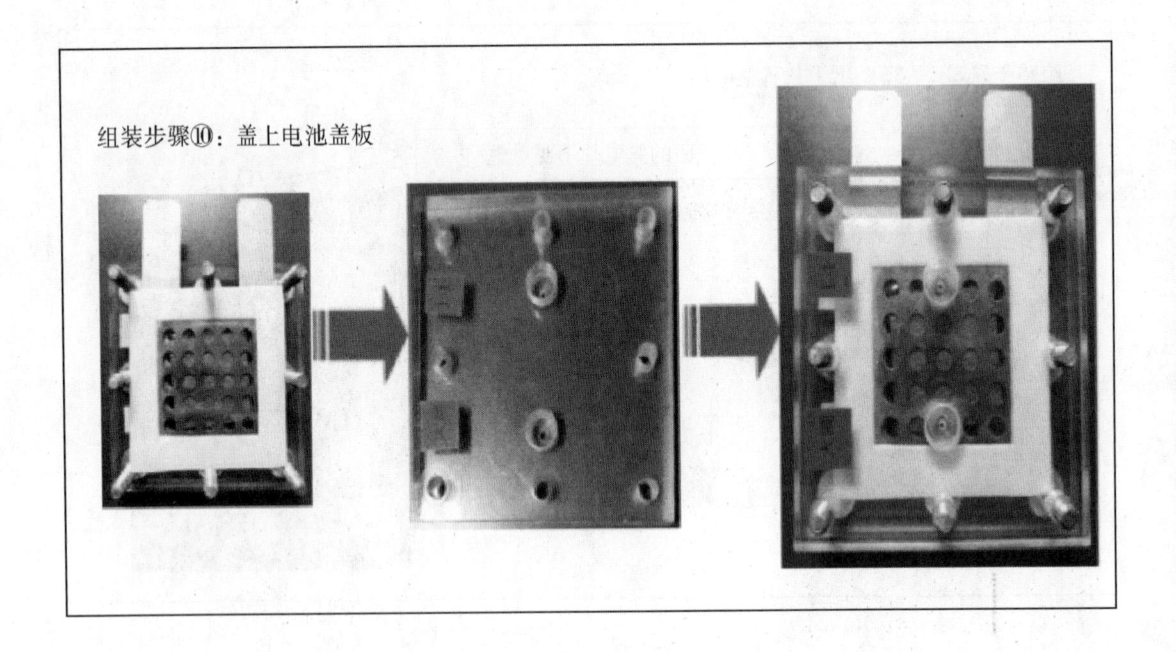
组装步骤⑩：盖上电池盖板

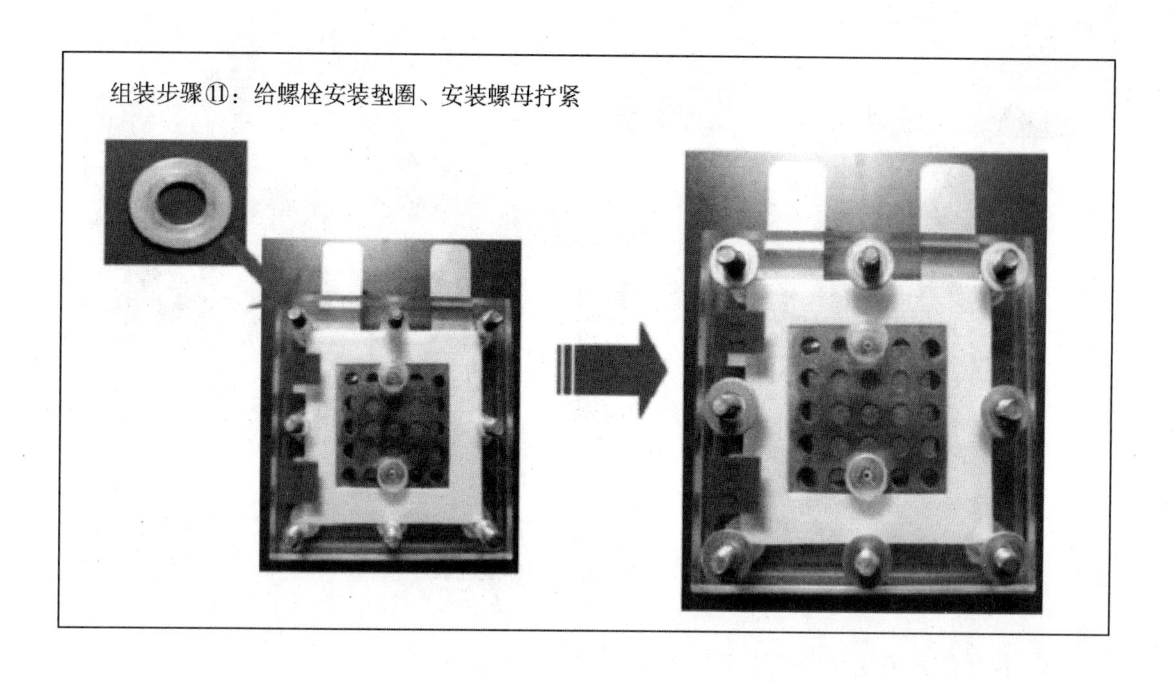
组装步骤⑪：给螺栓安装垫圈、安装螺母拧紧

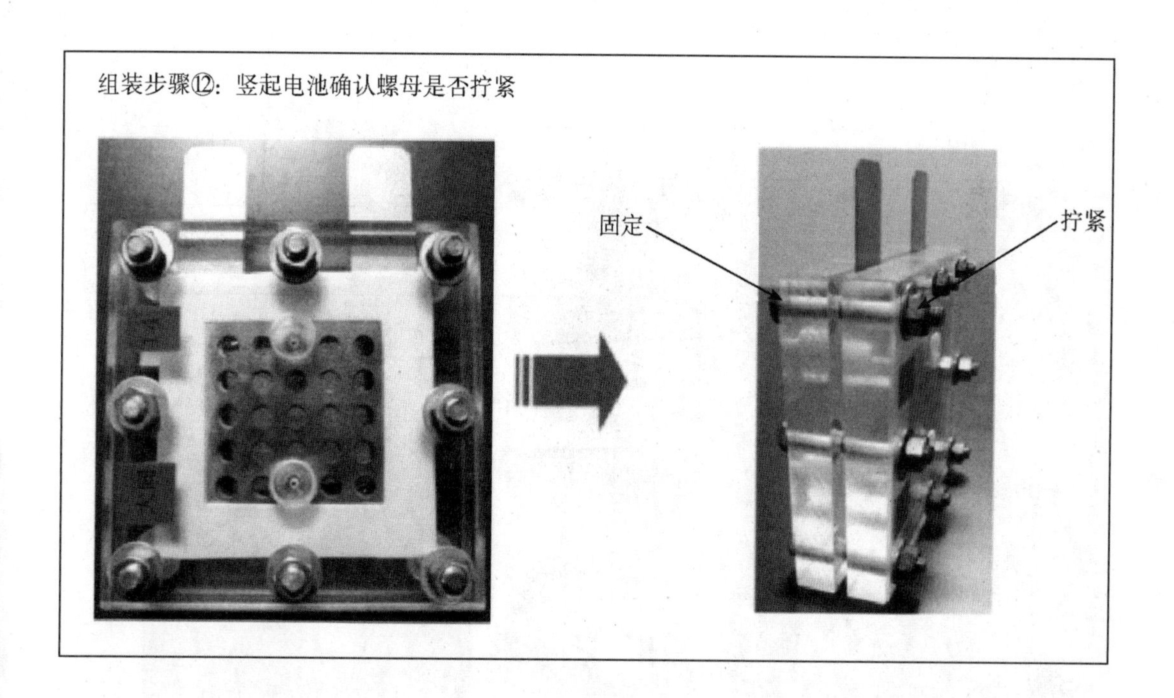

组装步骤⑫：竖起电池确认螺母是否拧紧

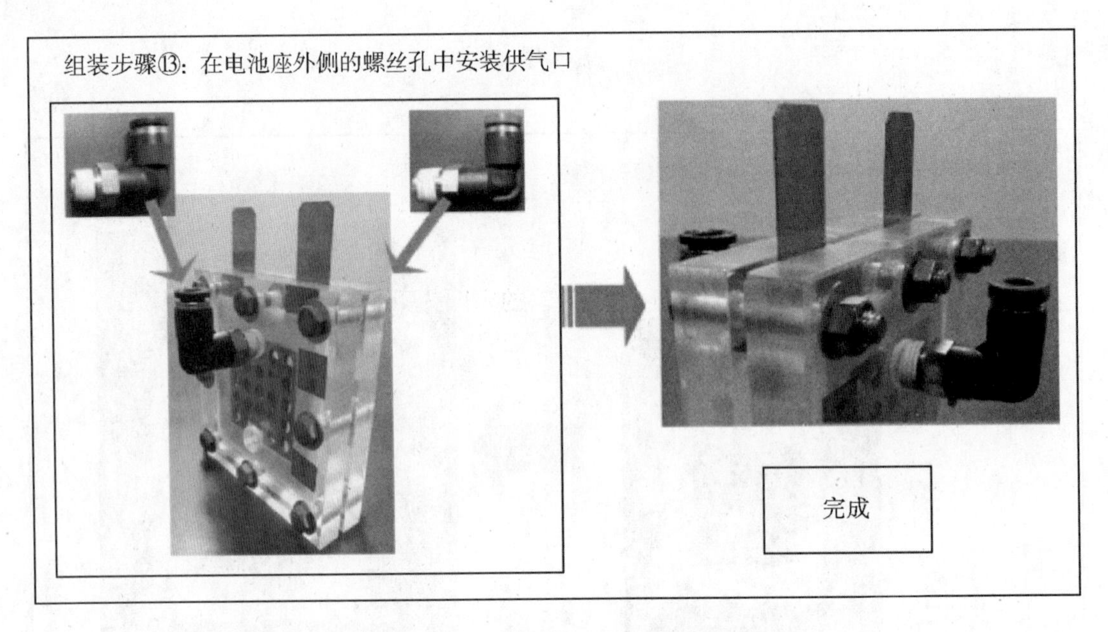

图 15－15 燃料电池整体装配顺序

3. **检验燃料电池发电使螺旋桨转动**

在电池两侧的进气口分别通入氢气和空气，在两个电极端接上微型风扇的电机，观察风扇螺旋桨的转动。

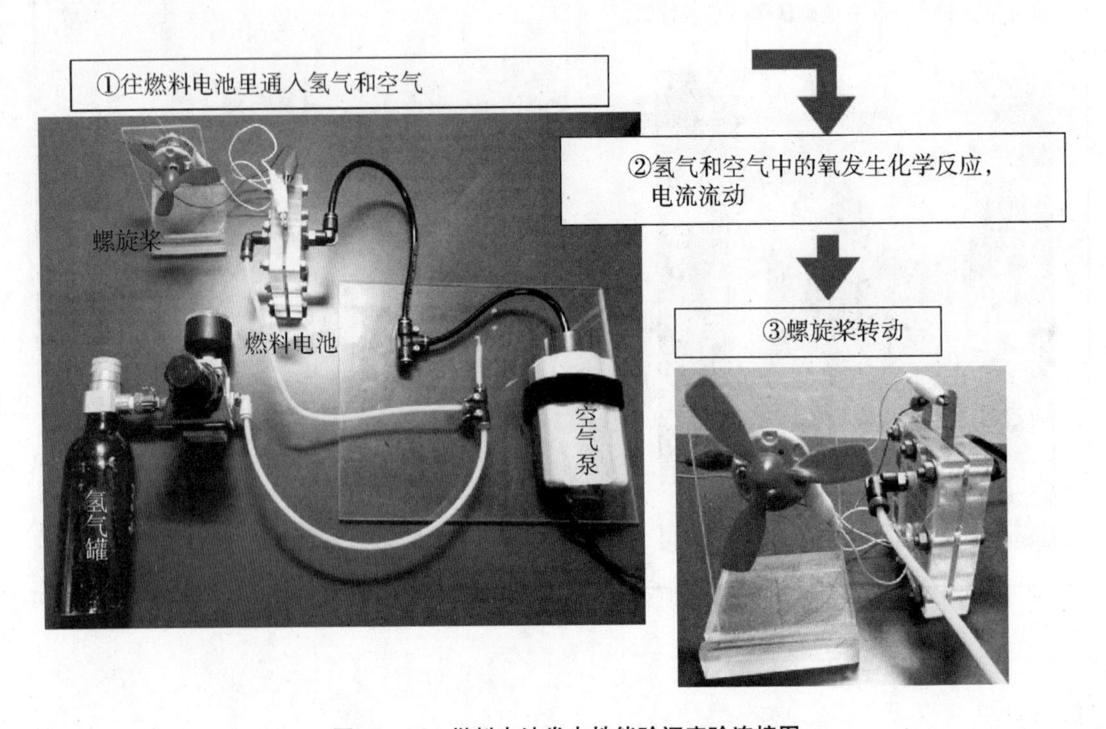

图 15－16 燃料电池发电性能验证实验连接图

五、思考与讨论

（1）根据前面所示的燃料电池的原理，试问如果使用天然气，该实验应增加什么部分？

（2）如果实验中燃料电池没有发电，可能的原因是什么？

附 录

实验安全和要求

一、实验室安全知识

（一）实验室消防常识

常用的消防器材包括以下几种：

（1）灭火砂箱：适用于扑灭地面的油品着火和掩盖地面管线的初期小火灾。

（2）泡沫灭火器：由于泡沫导电，故不能用于扑救电器设备和电线的火灾。

（3）二氧化碳灭火器：能降低空气中含氧量；使用现场要注意防止人员窒息。

（4）干粉灭火剂：可扑灭易燃液体、气体、带电设备引起的火灾。

（二）安全用电常识

（1）实验室常用电压为220～380V、频率为50Hz的交流电，人体的心脏每跳动一次大约有0.1～0.2秒的间歇时间，此时对电流最敏感，因此当电流流过人体脊柱和心脏时危害极大。

（2）防止触电注意事项：

①电气设备要可靠接地，一般使用三芯插座。

②一般不要带电操作。特殊情况时，必须使用绝缘鞋、手套等防护用具。

③安装漏电保护装置。

④实验室严禁随意拖拉电线。不使用无生产日期、无生产厂家、无产品合格证的接线板。

（三）机械设备使用安全

1. 高温设备

高温设备（炉）放置的室内，严禁存放易燃易爆品和化学药品，禁止放置与工作无关的物品。严禁用潮湿手或导电体分合电器开关。放取样品时，应先关掉高温设备的电源。

2. 带压设备

凡是最高工作压力大于等于0.1MPa（不含液体静压），内径（或断面最大尺寸）大于等于0.15m，且容积大于等于0.025m^3的容器，都属于压力容器。压力容器的设计压力（p）划分为低压、中压、高压和超高压四个压力等级。要注意：使用压力容器时，容器的工作压力要低于设计压力。

操作安全注意：严格按照操作手续进行操作；严禁超温超压运行；避免操作中压力频繁和大幅度波动。严禁带压拆卸、压紧螺栓。

3. 高速转动设备

严格按照操作规程进行操作。检查安全防护设备，必须正确使用个人防护用品。长发者必须戴工作帽或束、盘起长发，穿戴要穿三紧（领口紧、袖口紧、下摆紧），严禁穿短裤、拖鞋。操作旋转机床不得戴手套。

（四）事故预防和处理

（1）玻璃割伤。如果为一般轻伤，应及时挤出污血，涂上碘酒或红汞水，再用绷带包扎；如果为大伤口，应立即用绷带扎紧伤口上部，并立即送医院。

（2）酸液或碱液溅入眼中。应立即用大量水冲洗。若为酸液，再用质量分数为1%的碳酸氢钠溶液冲洗。若为碱液，则再用质量分数为1%的硼酸溶液冲洗。最后用水冲洗。重伤者经初步处理后，立即送医院。

（3）皮肤被酸、碱液灼伤。被酸或碱液灼伤时，伤处首先用大量水冲洗。若为酸液灼伤，再用饱和碳酸氢钠溶液冲洗。若为碱液灼伤，则再用质量分数为1%的醋酸冲洗。最后用水冲洗，再涂上药品凡士林。

（4）突然停电、电器电路故障。在安全的情况下，对高温和带压设备迅速关机；如有危险，人员尽量撤离和联系实验室相关负责人员前来处理。

（5）突然停水故障。对正在使用水循环的设备实施关机等措施，如高温情况，尽可能在安全情况下实施人工降温，或联系实验室负责人员处理。

（6）不单手托重物、液体容器、危险药品。

（7）不近距离直接嗅闻实验药品。

（8）使用、倒装液氮时，为防止液氮溅出灼伤，使用人要佩戴专用手套，禁止使用普通棉线手套。

二、实验室环保知识

实验室排放的废气、废渣等虽然数量不大，但不经过必要的处理直接排放，会对环境和人身造成危害。要特别注意以下几点：

（1）实验室所有药品以及中间产品，必须贴上标签，注明名称，防止误用和因情况不明而处理不当造成事故。

（2）废液，应集中在废液桶内，尽量分类装，并贴上标签，以便处理。

注：有些废液不可混合，如过氧化物和有机物、盐酸等挥发性酸和不易挥发性酸、铵盐及挥发性胺与碱等。

（3）固体废物，如接触过有毒物质的器皿、滤纸、容器等要分类收集后集中处理。

（4）一般酸碱性物处理，必须中和后稀释再排放到下水槽。

（5）接触废液、固体废物时，一般要戴上防护眼镜和橡皮手套。对兼有刺激性、挥发性的废液处理时，要戴上防毒面具，在通风橱内进行。

三、实验室注意事项

（1）遵守实验室的各项制度，听从教师的指导，尊重实验室工作人员的职权。进实验室时，按实验安全要求着装，禁止穿短裤、拖鞋。

（2）绝对不允许用嘴去吸移液管液体以获取各种化学试剂和溶液。

（3）处理有毒或带刺激性质废物时，必须在通风橱内进行。

（4）不任意挪动公用仪器、工具和公用药品，要爱护仪器，节约药品。

（5）在整个实验过程中，保持桌面和仪器的整洁，保持水槽干净。

四、实验课要求

为了保证实验的顺利进行，达到预期的目的，要求学生必须做到如下几点：

（1）提前预习。实验前要做好预习，了解实验原理和步骤。

（2）认真操作。实验时要认真操作，仔细观察现象，注意安全，不得离开实验室或必须观察实验过程的实验场所。

（3）做好记录。实验过程中，要及时、准确地记录实验现象和数据，以便对实验现象做出分析和解释。避免实验结束后补写实验记录。

（4）撰写实验报告。实验报告一般应包括：实验者信息、实验日期、实验名称、实验目的、反应原理、仪器药品、操作步骤、结果与讨论等。报告应力求条理清楚、数据处理有依据、图表格式规范、结论明确、书写整洁。

五、实验误差与数据处理方法

（一）实验数据误差分析

实验误差的来源：实验误差从总体上讲有实验装置（包括标准器具、仪器仪表等）、实验环境、实验方法、实验人员和被测量对象变化五个来源。

1. 实验装置误差

测量装置是标准器具、仪器仪表和辅助设备的总体。实验装置误差是指由测量装置产生的测量误差。它主要来源于三个方面，即测力传感器、电子设备（包括测力传感器输出信号的传输系统及信号处理系统）和机械承力系统。

2. 实验环境误差

实验环境误差是指测量中由于各种环境因素造成的测量误差。被测量在不同的环境中测量，其结果是不同的。这一客观事实说明，环境对测量是有影响的，是测量的误差来源之一。环境造成测量误差的主要原因是测量装置包括标准器具、仪器仪表、测量附件同被测对象随着环境的变化而变化。除了测量环境偏离标准环境产生测量误差以外，还有引起测量环境微观变化的测量误差。

3. 实验方法误差

实验方法误差是指由于测量方法（包括计算过程）不完善而引起的误差。事实上，不存在不产生测量误差的尽善尽美的测量方法。由测量方法引起的测量误差主要有两种情况。第一种情况：由于测量人员的知识不足或研究不充分以致操作不合理，或对测量方法、测量程序进行错误的简化等引起的方法误差。第二种情况：分析处理数据时引起的方法误差。

4. 实验人员误差

实验人员误差上指测量人员由于生理机能的限制，固有习惯性偏差以及疏忽等原因造成的测量误差。

5. 被测量对象变化误差

被测对象在整个测量过程中处在不断变化中。由于被测量对象自身的变化而引起的测量误差称为被测量对象变化误差。

（二）误差的分类

误差是实验测量值（包括间接测量值）与真值（客观存在的准确值）之差别，误差可以分为下面三类：

1. 系统误差

由某些固定不变的因素引起。在相同条件下进行多次测量，其误差的数值大小正负保持恒定，或误差随条件按一定规律变化。单纯增加实验次数是无法减少系统误差的影响的，因为它在反复测定的情况下常保持同一数值与同一符号，故也称为常差。系统误差有固定的偏向和确定的规律，可按原因采取相应的措施给予校正或用公式消除。

2. 随机误差（偶然误差）

由一些不易控制的因素引起，如测量值的波动、肉眼观察误差等。随机误差与系统误差不同，其误差的数值和符号不确定，它不能从实验中消除，但它服从统计规律，其误差与测量次数有关。随着测量次数的增加，出现的正负误差可以相互抵消，故多次测量的算术平均值接近于真值。

3. 过失误差

由实验人员粗心大意，如读数错误、记录错误或操作失误引起。这类误差与正常值相差较大，应在整理数据时加以剔除。

（三）实验数据的真值与平均值

1. 真值

真值是指某物理量客观存在的确定值，它通常是未知的。虽然真值是一个理想的概念，但对某一物理量经过无限多次的测量，出现的误差有正、有负，而正负误差出现的概率是相同的。因此，若不存在系统误差，它们的平均值相当接近于这一物理量的真值。故真值等于测量次数无限多时得到的算术平均值。由于实验工作中观测的次数是有限的，因此得出的平均值只能近似于真值，故称这个平均值为最佳值。

2. 平均值

油气储运实验中常用的平均值是算术平均值。

设 x_1，x_2，…，x_n 为各次测量值，n 为测量次数，则算术平均值为：

$$\bar{x} = \frac{x_1 + x_2 + x_3 + \cdots + x_n}{n} = \frac{\sum_{i=1}^{n} x_i}{n}$$

算术平均值是最常用的一种平均值，因为测定值的误差分布一般服从正态分布，可以证明算术平均值即为一组等精度测量的最佳值或最可信赖值。

（四）误差的表示方法

1. 绝对误差

测量值与真值之差的绝对值称为测量值的误差，即绝对误差。在实际工作中常以最佳值代替真值，测量值与最佳值之差称为残余误差，习惯上也称为绝对误差。

设测量值用 x 表示，真值用 X 表示，则绝对误差 $D = |X - x|$。

绝对误差 D 与真值的绝对值之比，称为相对误差：

$$e\% = D/|X|$$

式中，真值 X 一般为未知，用平均值代替。

2. 标准误差（均方根误差）

标准误差定义为各测量值误差的平方和的平均值的平方根，故又称为均方根误差。

对有限测量 n 次，标准误差表示为：

$$\sigma = \sqrt{\frac{E_1^2 + E_2^2 + \cdots + E_n^2}{n}} = \sqrt{\frac{\sum E_i^2}{n}}$$

式中，E 为误差，E = 测定值 - 真实值。

标准误差是目前最常用的一种表示精确度的方法，它不但与一系列测量值中的每个数据有关，而且对其中较大的误差或较小的误差敏感性很强，能较好地反映实验数据的精确度，实验愈精确，其标准误差愈小。

需要注意的是，标准误差不是测量值的实际误差，也不是误差范围，它只是对一组测量数据可靠性的估计。标准误差小，测量的可靠性大一些，反之，测量就不大可靠。

（五）精密度、正确度和准确度

1. 精密度

精密度是指对同一被测量做多次重复测量时，各次测量值之间彼此接近或分散的程度。它是对随机误差的描述，它反映随机误差对测量的影响程度。随机误差小，测量的精密度就高。如果实验的相对误差为0.01%且误差由随机误差引起，则可以认为精密度为10^{-4}。

2. **正确度**

正确度是指被测量的总体平均值与其真值接近或偏离的程度。它是对系统误差的描述，它反映系统误差对测量的影响程度。系统误差小，测量的正确度就高。如果实验的相对误差为0.01%且误差由系统误差引起，则可以认为正确度为10^{-4}。

3. **准确度**

准确度是指各测量值之间的接近程度和其总体平均值对真值的接近程度。它包括了精密度和正确度两方面的含义。它反映随机误差和系统误差对测量的综合影响程度。只有随机误差和系统误差都非常小，才能说测量的准确度高。若实验的相对误差为0.01%且误差由系统误差和随机误差共同引起，则可以认为准确度为10^{-4}。

（六）实验数据的有效数与记数法

任何测量结果或计算的量，总是表现为数字，而这些数字就代表了欲测量的近似值。究竟对这些近似值应该取多少位数合适呢？应根据测量仪表的精度来确定，一般应记录到仪表最小刻度的十分之一位。例如，某液面计标尺的最小分度为1mm，则读数可以到0.1mm。如在测定时液位高在刻度524mm与525mm的中间，则应记液面高为524.5mm，其中前三位是直接读出的，是准确的，最后一位是估计的，是欠准的，该数据为4位有效数。如液位恰在524mm刻度上，该数据应记为524.0mm，若记为524mm，则失去一位（末位）欠准数字。总之，有效数中应有而且只能有一位（末位）欠准数字。由此可见，当液位高度为524.5mm时，最大误差为±0.5mm，也就是说误差为末位的一半。

在科学与工程中，为了清楚地表达有效数或数据的精度，通常将有效数写出并在第一位数后加小数点，而数值的数量级由10的整数幂来确定，这种以10的整数幂来记数的方法称科学记数法。例如，0.008 8应记为8.8×10^{-3}，88 000（有效数3位）记为8.80×10^{4}。

应注意科学记数法中，在10的整数幂之前的数字全部为有效数。

有效数字进行运算时，运算结果仍为有效数字。总的规则是：可靠数字与可靠数字运算后仍为可靠数字，可疑数字与可疑数字运算后仍为可疑数字，可靠数字与可疑数字运算后为可疑数字，进位数可视为可靠数字。

常用简易平均数据的处理方法：对一组重复试验数据常用算术平均处理方法。如果出现数据相差较大时，可采取除去最高值和最低值，再平均的方法。也可以根据实际判断除去误差较大的数据，但是这样的处理仅对于精度要求不高的实验适用。

参考文献

[1] 方肇伦，等. 微流控分析芯片［M］. 北京：科学出版社，2003.

[2] 殷学锋，沈宏，方肇伦. 制造玻璃微流控芯片的简易加工技术［J］. 分析化学，2003（1）.

[3] 江雷. 从自然到仿生的超疏水纳米界面材料［J］. 化工进展，2003，22（12）.

[4] 苏瑞彩，李文芳，彭继华，等. 硅烷偶联剂 KH570 对纳米 SiO_2 的表面改性及其分散稳定性［J］. 化工进展，2009（9）.

[5] JIA Z J，FANG Q，FANG Z L. Bonding of glass microfluidic chips at room temperatures［J］. Analytical chemistry，2004，76（18）.

[6] CAI L F，OUYANG Z，HUANG X，XU C. Comprehensive training of undergraduates majoring in chemical education by designing and implementing a simple thread-based microfluidic experiment［J］. Journal of chemical education. 2020，97（6）.

[7] CAI L F，WU Y Y，XU C X，CHEN Z F. A simple paper-based microfluidic device for the determination of the total amino acid content in a tea leaf extract［J］. Journal of chemical education. 2013，90（2）.

[8] YANG H，ZHOU C J，YANG Y F，LIN S M，WANG Y. A new three sensing channels platform of Eu@ Zn－MOF for quantitative detection of Cr（Ⅲ）［J］. Inorganic chemistry communications，2020（116）.

[9] WANG Y，WU Y Y，ZHOU C Y，CAO L M，YANG H. A new bimetallic lanthanide metal-organic framework as a self-calibrating sensor for formaldehyde［J］. Inorganic chemistry communications，2018（89）.

[10] WANG Y，YANG H，CHENG G，WU Y Y，LIN S M. A new Tb（Ⅲ）-functionalized layer-like Cd MOF as luminescent probe for high-selectively sensing of Cr^{3+}，Cryst eng comm，2017（19）.